ゆめみやげ

夢眠ねむ

P. 04-05

ペロリ

Contents

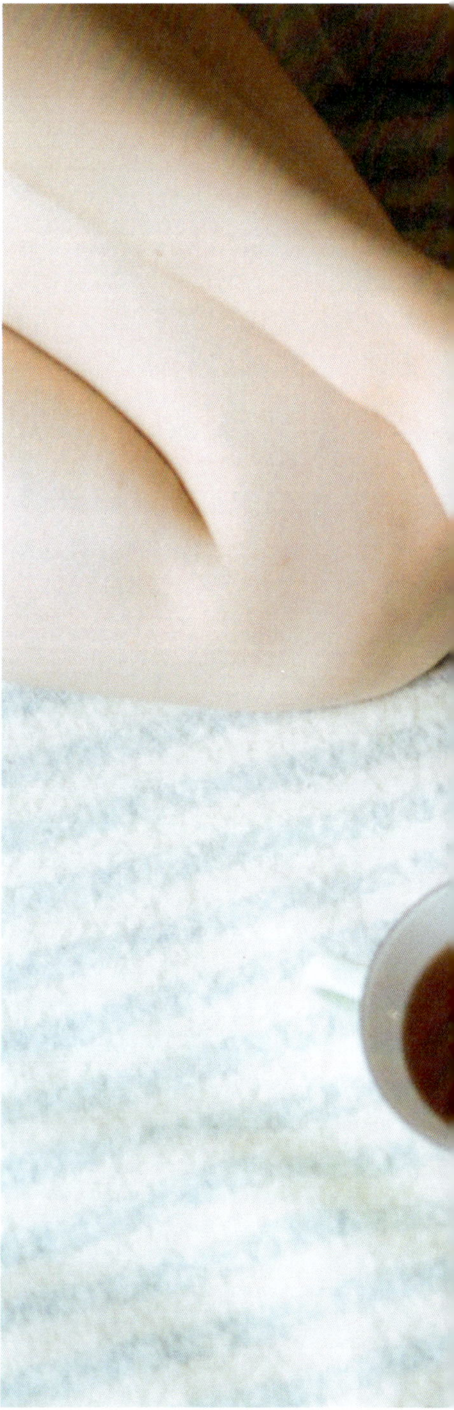

苺サンドショート
800円
(税込価格 864円)

Photo Story

あの子は手みやげガール

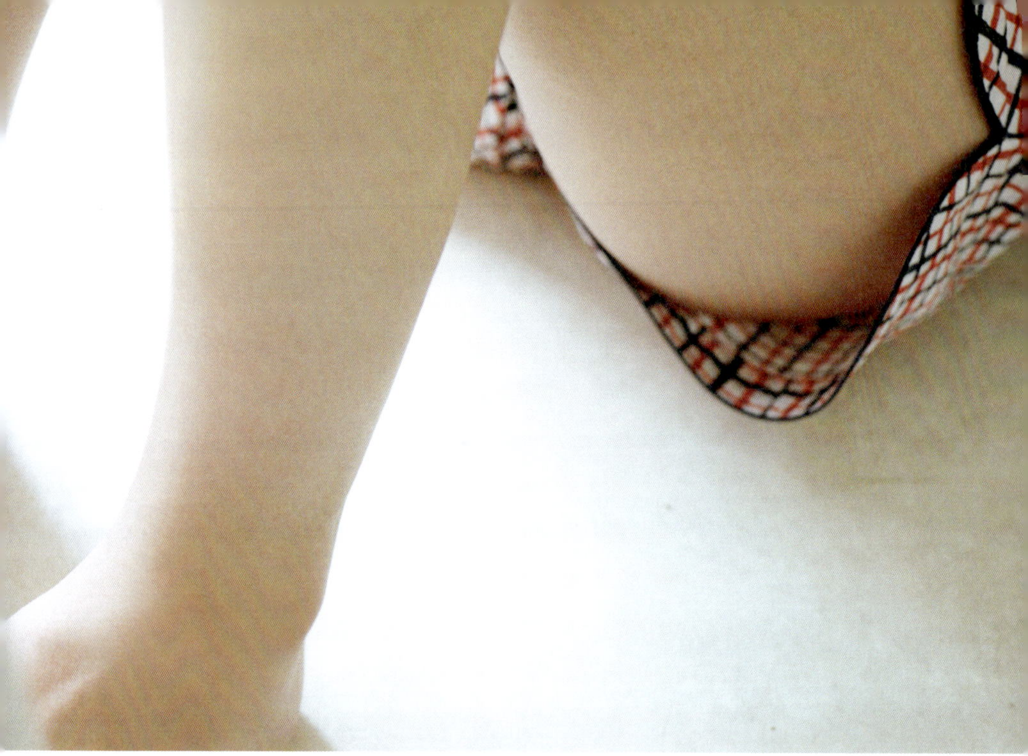

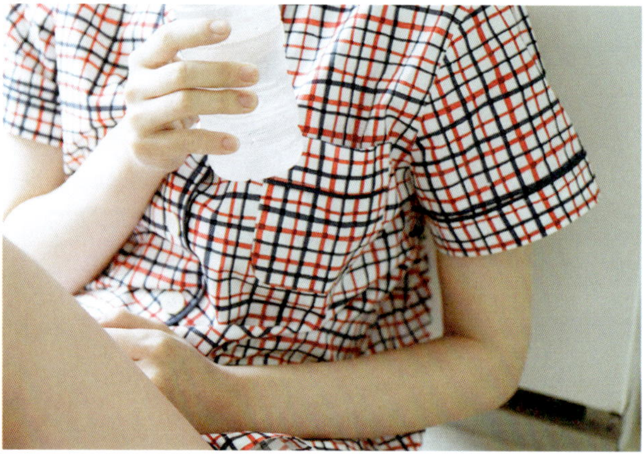

P. 10–11

おはよう世界きゅん。
まどろみとしゃかりきのはざまで
愛するいちごジャムトーストをほおばる。
めくるめく一日になるためのおまじない。

ときめく出会いを一途《いちず》に求めて。
勇敢な手みやげガールになるために、
あっちへこっちへ大奔走するんだ。

MENU

人と人とは空気で惹《ひ》かれ合うけれど、
手みやげは食べてみないとわからない。

伝
吉兆屋

伝法院
ジャンパー専門店
鈴木皮革店

P. 26-27

浅草は、上京してから時々ふらっと来る場所。
ややこしくなくて、やんちゃで、骨太。
ここは〝極彩色なおいしさ〟のカオス。

P. 28–29

秋葉原は原点。出発点。ホームグラウンド……∞
いちごみたいに甘酸っぱい思い出を背負いながら
幸せをむしゃむしゃかみしめる。

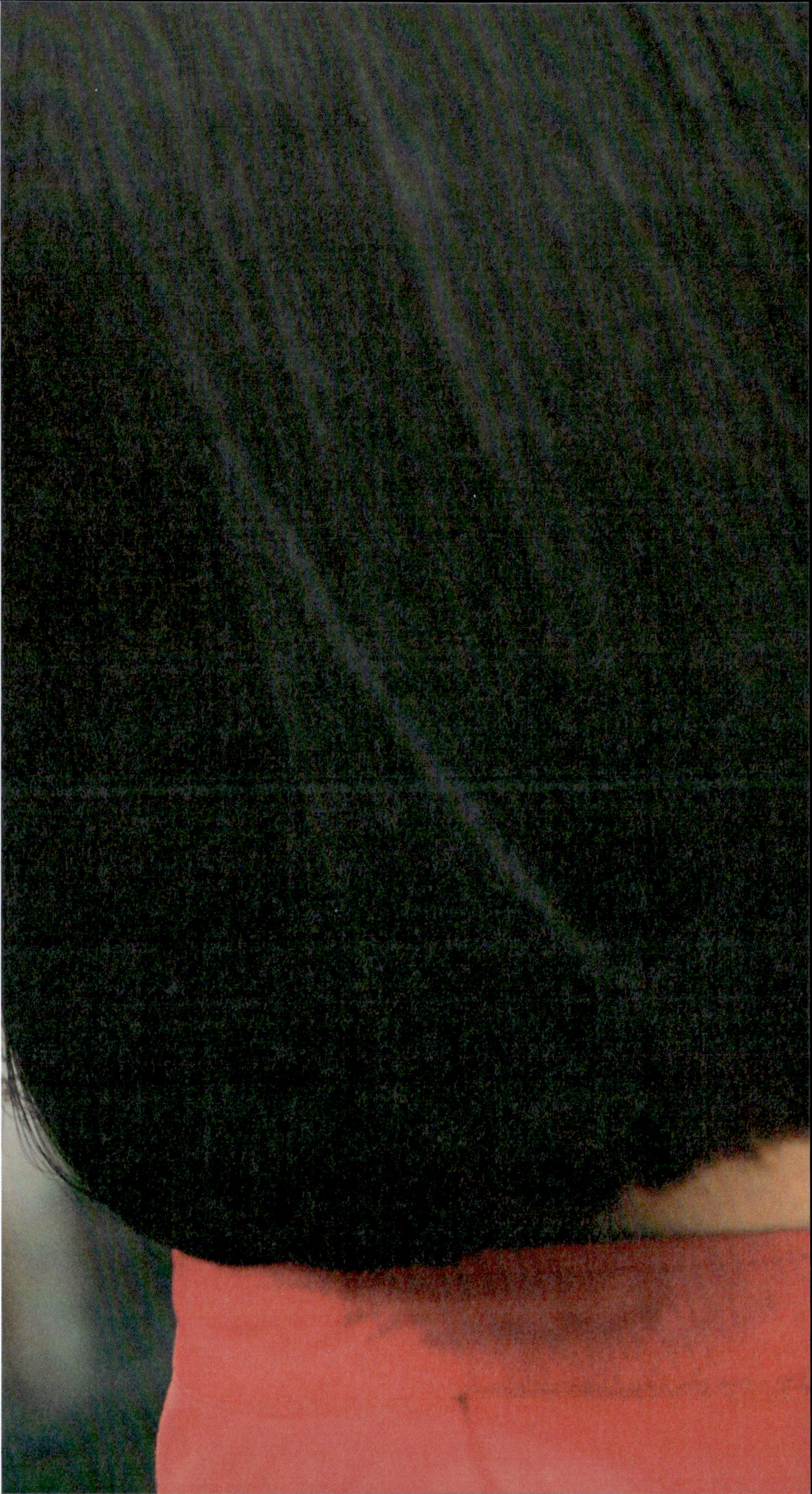

mAAch

いつだって甘い誘惑で私を引き寄せる。
ずっと好きよ、「アンヂェラス」。
おーい、待ってるから早く来て。

P. 40-41

バニラとメロンソーダが溶け合う時間、
目をこらしたくなるような色が好き。
心の奥に潜むキミへの思いを、こっそりつづる。

高いところは正直、苦手。でも、
キミと一緒に、いつもとは違う景色を
見てみたいし、ときめきを分かち合いたい。

とびきりの〝きゅん〟をキミに――。

Yumemiyage Column ❶
" east "

ねむきゅんの 日本東西推しみやげ

Text & Illustrations : 夢眠ねむ

おみやげ、といえば2種類あります。人にあげたいもの、そして、自分が食べたいもの！全国ツアーなどで遠征する機会も多い私がよく買うおみやげを東と西に分けて紹介します。

まず東。

北海道はおいしいおみやげの宝庫ですね。自分が食べたくて買うものもあれば、「あの人の大好物だよな」と思い浮かぶものも多いです。

そんな北海道で必ず買うのが**六花亭「マルセイバターサンド」**！　王道ですが、これは姉の好物で、私の高校は修学旅行が北海道だったのですがその頃から頼まれていたような…これを買っていくだけで、食べきっちゃうまではいい妹の印象が保てます（笑）。マルセイシリーズでは**「マルセイキャラメル」**もおすすめ。カリカリの大豆とビスケットが濃厚なキャラメルから顔を出します。

修学旅行で買ってびっくりしたのは、当時珍しかった**ロイズ**の**「ポテトチップチョコレート」**。これ、高校生の私には本当に衝撃で…かかっているチョコの口溶けと、ポテトのしょっぱさを永遠に感じていたい、と帰りの飛行機で抱えて食べて、またこれが食べたいがために先生に「北海道に行くにはいくらかかるんですか？」という質問までした思い出があります。そのあと無事、「ロイズには通信販売がある！」ということがわかり、母が通販で買ってくれていました。いまだに大好きです！

最近よく買うのは**大塚ファーム**の**「有機ほし甘いも」**。オーガニックであり原料も加工も100％北海道なのです。ねっとりした甘みがたまりません…いろんな銘柄があったり**「雪中ほし甘いも」**というのもあるので、食べ比べてお気に入りのものを見つけてください。

福島は、絶対これ！　**お菓子のさかい「幸福（しあわせ）の黄色いブッセ」**です！　夢眠おやつランキングにおいて常に上位をキープしています。出会いは忘れもしません、福島出身の〝えいたそ〞こと成瀬瑛美ちゃんの帰省みやげでした。ひと口食べて、え

P. 58-59

いたそに「…ごめん、もう1個もらってい い…？」と震えながらお願いしたほど。口溶け軽やかなブッセ、ふわふわのバタークリーム、粒立っているけどなじみのいいプロセスチーズと塩気。ブッセってこんなにおいしかったんだと衝撃を受けました。

宮城は**松島蒲鉾本舗「むう」**。ふわふわしたお豆腐かまぼこです。私は駅で買ったことしかないのですが、店舗では揚げたてを食べることもできるらしいです。満月の日限定の**「月夜のむう Full Moon Premium」**という、まろやかな黄色のむうもあるので、出会ったら絶対手に入れたい！ プレミア感があるものは贈りものするほうもされるほうもわくわくしますね。

ムッシュ マスノ アルパジョンの**「クマの手シューラスク」**もたくさん買い込みます。〇〇ラスクって流行ったタイミングでたくさん出たけれど、ムッシュ マスノ アルパジョンさんのラスクはひと味違います。口当たりもサクサクとザクザクの間くらいで硬すぎず、チョコとシロップが多く絡んでいる部分はシャクシャクと…歯触りも楽しく、甘みもくどくないので気づくとあんなにたくさん入っていたのにラスト1個、なんてことに！（笑） たっぷり入っているのにお手頃価格で自分用にもプレゼント用にもピッタリです。

新潟では大好きなお菓子があるんですが…持って帰れないんですよ。買ってすぐ食べないといけないんですが、もし新潟へ行く方は**「ぽっぽ焼き」**（イカ焼きではない）を食べてみてください。新潟っ子には子どもの頃からなじみのある、細長い、知ってる味に例えるなら黒糖蒸しパンなのですが、もっとモチモチで、なんか心の奥をくすぐられるノスタルジックな味がするんですよ…と、今調べてみたら、通販で買えるそう。どんな感じで届くんだろう…今度買ってみよう。

たまに都内のスーパーでも買えたりしますが、石川県でよく買うのは**まつや「とり野菜みそ」**。主婦やお料理する人へのおみやげにぴったりです。鍋のベースにするのはもちろん、私はこれで味噌ラーメンをつくるのが好き！ 味噌やしょうゆ、だしなどは土地柄が出ます。その土地に根づいた調味料をおみやげにするのもいいですね。

夢眠ねむと手みやげのこと。

『夢眠シュラン』は『メンズノンノ』2014年4月号から2015年12月号まで掲載された、理想の手みやげを紹介する人気連載です。この本では、ニューフェイスも加えながら本誌未掲載分の写真とともにアーカイブをお届けします。

「手みやげってハードルが高そうだし、『本当に必要？』ってそもそも論もあるけれど、やっぱり〝楽しいもの〟だと思うんです。単純に私が食いしん坊で、食べるのも人に差し上げるのも好きってだけなんだけど（笑）。以前は『気がきくね』と言われたり、人を喜ばせる〝自分〟が好きって気持ちが先に立っていました。けれど大人になり、手みやげは、〝相手〟を思いやり、想像力を働かせることが大事なんだなぁと。例えば初対面の方には手堅いものを差し上げたいし、身近な人ならそれぞれが好きなものや、意外だけど世界が広がるものを渡したい。日々の会話やSNS上での発言も気に留めておくことで、いざというときにひらめいたりもする。相手を思い、相手のその先の人生をほんのり考える作業は幸せだし、そうやって暮らしていると、人との関わり方まで上手になれるから不思議❤手みやげって、日常をちょっといい感じに変えられて、小さな幸せをもたらす魔法だと思うんです」

＊掲載の飲食関連商品はすべて税込み価格（2017年9月現在）になります。

YUMEMI NEMU
PRESENTS
yume
miyage
FOR YOUR UMAQN!
from MEN'S NON-NO
2014.4 → 2015.12

Yume
miyage
Part
1・あまいもの

どらやきなのに端正。
小さいのに濃厚。
ギャップにときめく♡

自由が丘本店のどらやきは、地下の工房でその日にこしらえたつくりたてだけが並ぶ。「今日は大人数の現場へ届ける手みやげを買いに。『黒船どらやき』（5個入り¥1,134）の黒糖入りの生地は、餅粉入りで驚くほどしっとりモチモチ。1個ずつ薄紙に包まれているから、ひとりずつさらっと気軽に渡せるし、お腹と心をほどよく満たすサイズ感もいいのです」。ここでしか食べられないあったかスイーツ「MIRAIカステラ」やひねりをきかせた食事メニューも見逃せない！　「追加で食べちゃおっかな♪」

大人数の
差し入れにも

黒船の黒船どらやき

(JIYUGAOKA)

QUOLOFUNE

[自由が丘本店]目黒区自由が丘1の24の11
03(3725)0038
10時〜19時
第1＆第3月曜休(祝日の場合翌日)
www.quolofune.com

＊ウェブ上でお取り寄せのオーダーも可(期間・地域限定)

私、夢眠ねむは、大の手みやげ好き♡　だって、さりげなく「はいっ」と手渡すだけで、その場の空気がポワンと温まり、幸せのおすそ分けができるから。もちろんそのときは、必ず自分の分も買って味の確認をする、生粋の食いしん坊でもあります。このたび〝デキる男ほど手みやげ上手〟という持論から、『メンズノンノ』読者にも「それがデキる男性になってね♡」という熱い想いを伝えたい！　ということで連載をさせていただくことになりました。第1回は、映画の撮影中に頂戴し、おいしすぎてみんなの目を盗んで食べたほど大好きな『黒船』のどらやき。1枚の生地を半分に折った端正なフォルムだから、どらやき特有の〝ドスンと感〟はゼロ。なのに意外にも黒糖入りの生地はモチモチでこっくりまあるいお味、中には素材の味を生かし炊きあげたみずみずしいあんこが詰まっているから食べごたえも十分。ギャップにもときめきます。自由が丘の本店に行くと、つい2階のカフェでパクリ。はぁおいひぃ〜(モグモグ)。

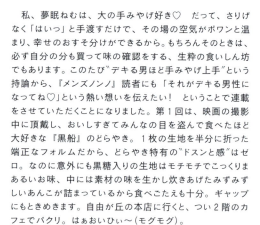

ひと口、ふた口。
そのたび変化する、
〝お菓子〟なアイスクリーム。

「本来はその場に行って買うのがベストだけど、そのおいしさをおウチで気軽に味わえるのがお取り寄せのよさ。ストックできて日持ちもするアイスは、〝その人のタイミング〟で食べられるところも好き♡」。このセットは下写真の「ガトーショコラ」「モンブラン」「濃くプリン」のほか、チーズアイスとコーヒーソルベ入りの「鳥仙ティラミス」、いちごソルベとバニラアイス、フレークが３層に分かれた「いちごのタルト」、国産はちみつと３種のナッツ入りの「はちみつナッツ」の６個セット。「アイスクリーム６個入り」（¥2,397）

キャトルエピスのアイスクリーム

（SHIZUOKA）

小売業を営んでいる我が家では、昔、夏の間だけアイスを売っていたんです。卵アイスにメロン型のシャーベット、ブルーハワイ味…毎日１個、お手伝いのごほうびとして食べていました。大人になった今は、食後に甘いものが食べたいときやお風呂あがりに、ひと口、ふた口ちょこっとずつ食べるのが好き。そんなある日、〝アイス　通販〟で検索して出会ったのが『キャトルエピス』。静岡の洋菓子店がつくるそれは、まるでケーキのように豪華なアイスクリーム！　「濃くプリン」は卵を感じさせる濃厚なバニラアイスに苦味をきかせたキャラメルソースが最高。「モンブラン」には和栗《わくり》アイスにホクホクの栗の渋皮煮がゴロゴロ。いろんな味が層をなし、こだわりの具をからめたりトッピングしたり…ディテールにまで心をこめてつくっているのが伝わります。アイスって苦手な人がいない愛されキャラだし、冷凍庫にあるだけで気分がアガるもの。それがなかなか手に入りにくいもので、リッチな味ならなおさらうれしい！　離れて暮らす家族や親戚に、不意打ちでおくるのもいいんじゃないかな。かしこまらず気軽に、でもちょっと大人ぶって〝いい息子〟をアピールできると思う（笑）。

quatre épice

[静岡店]静岡市清水区
天神２の６の４

054（371）5020

10時30分〜19時　水曜不定休

http://www.quatre-epice.com

＊ウェブ上でお取り寄せのオーダーも可

P. 64-65

野菜だから罪悪感少ないね。
浅草らしい粋なお芋のおやつ。

「今日は浅草花やしきまでお散歩。乗り物も好きだけど、私は写真を撮ったり、楽しい雰囲気をのんびり味わって幸せを感じる派。でも乗り心地バツグンのパンダカーは、自家用車にしたいくらい！縦列駐車もできました♡　小腹がすいたので、近所で買った芋きんをパクリ」。ブレンドした九州産のさつまいもを軸に砂糖や寒天を混ぜてつくる芋きんは、素朴でやさしい味。皮にも粉末状にしたお芋を使っている。「芋きん」（6個入り￥778）

満願堂の芋きん

（ASAKUSA）

浅草は、私のホームグラウンド・秋葉原からもすぐの、とっておきのエリア。街全体に気持ちのいい緊張感があって、どの路地に入ってもタイムスリップしたかのような雰囲気が好き。仲見世を通って、常香炉の煙を浴びて、浅草寺でお参りをして、食べ物屋さんを散策して――そこで絶対に立ち寄るのがここ『満願堂』！〝願いを満たす〞という店名もすてきな芋きん屋さんです。主役は女の子ゴコロをくすぐる野菜・さつまいも。小さい頃、アルミホイルでくるんだお芋をよくストーブで焼いてもらったんだけど、ぺちょぺちょってする、甘くてしっとりした部分がとくに好みで…。『満願堂』の芋きんは、その蜜感を抽出したようなリッチ感があるのです。ほどよくもっちりした特製の薄〜い生地でコーティングし、じっくり火が入る銅製の鉄板で焼くこと数分。お芋と生地がみごとに合体したほんのり温かい芋きんは、飾り気のない上品な甘さで、ほっこり。余韻までおいしい♡　帰省みやげにもいいけれど、私としては、気さくな伝統の味を若い女の子にもっと知ってほしいなって。温かいお茶と一緒に渡したら、きっと「きゃっ」って、ときめいちゃうはず。

MANGANDO

［オレンジ通り本店］台東区浅草１の21の５

03（5828）0548

10時〜20時、土日祝９時30分〜20時
無休

http://www.mangando.jp

いつ、
どんなときにも
愛される、
名脇役的
フランス菓子。

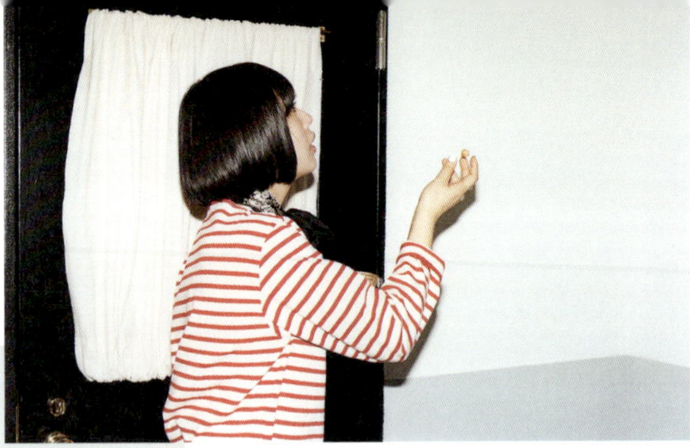

「シュークリームが主役の専門店の、脇役的存在のシュケット。主張しすぎないのにいつ、どんなときでも愛される、人気の焼き菓子です。ザラメを使った、どことなく和を感じる味わいも好き」。写真は毎日15時くらいから販売する「焼きたてシュケットSサイズ」(¥486 ※季節限定のため、販売期間はその年の気温によって異なる)のほか、日持ちのする「シュケット」(¥540)の２種類がある。食べ比べするファンも多いとか。

クレーム デ ラ クレームのシュケット

(ROPPONGI)

Crème de la Crème

[六本木ヒルズ店]港区六本木６の10の１
六本木ヒルズ ヒルサイドF2F
03(3408)4546
11時〜21時　不定休
http://www.cremedelacreme.co.jp

深夜、仕事場で映像や編集のチェックをしていたとき、スタッフさんにおすそ分けしてもらったのがこちら。甘いものは食べたいけどガッツリはちょっと…って気分のときで、ほどよい甘さと小粒感に惹《ひ》かれ、大好きになりました。このお菓子、初めて知る人も多いと思うけれど、焼いたシュー生地に砂糖をからめた、フランスを代表する素朴な焼き菓子。もともとシュケット好きの私ですが、それまで食べ慣れていた柔らかくてやや大きめのものとは違い、『クレーム デ ラ クレーム』はカリッとタイプ。食感のいいザラメ糖の甘さや芳醇《ほうじゅん》なバターがふわりと広がり、一瞬で消えていくはかなさがあります。１粒だけ…と気を引き締めても、つい全部食べちゃう罪なおいしさ♡　買った後にすぐ落ち合える相手なら〝焼きたて〟を、少し時間を置いてから会う場合は〝通常版〟をと、シーンに応じて使い分けできるところも優秀なんです(そこまで気を回せたら、ジェントルマン!!)。カットする必要もなく、ポイポイ食べられる身構えないお菓子だから、勉強や仕事の息抜き的な差し入れにしてもいいし、持ち込み可能な映画館へポップコーン代わりに持っていって映画デートしても…憧れちゃうな♡

P. 68-69

気温じゃなく
体温で甘く溶ける——
チョコレートは
元気をくれるおまじない。

「男の子ってマシュマロを食べ慣れていない人もいるでしょ!?　いつものふわふわの食感もいいけれど、加熱するととろ～り溶けてますます魅力的になるの♡　それがミルクとホワイトのコクのあるチョコレートとモチモチのピザ生地と合わさると、夢のようなおいしさに。ピザパーティにしれっと１枚しのばせてみるのもアリ(笑)」。チョコレートの遊園地を思わせる店内には、「チョコレートチャンク ピザ」(１ホール¥2,320、１スライス¥470)のほかチョコレートフォンデュや温かいクレープなど、エンターテインメント感満載のメニューがズラリ。デートにもおすすめ。

マックス ブレナーのチョコレートチャンク ピザ

(HIROO)

MAX BRENNER
CHOCOLATE BAR

[広尾プラザ店]渋谷区広尾
５の６の６ 広尾プラザ1F
03(6450)2400
10時～20時(19時30分L.O.)
不定休
http://maxbrenner.co.jp

　イスラエル生まれの『マックス ブレナー』。日本に上陸したとき、いろんな人のインスタグラムで「チョコレートチャンク ピザ」を見て、衝撃を受けて。だってそれまでの甘いピザといえば、ハワイの〝パイナップル＋ベーコン〟くらいしかメジャーじゃなかったから。だからこのピザに出会ったときは、「もう…動けない…!!」っていうくらい食べちゃった(笑)。だって日本人好みのもっちりとしたピザ生地にはチョコレートとマシュマロが全面にたっぷり、そのマシュマロがチーズみたいにビヨ～ンととろけて、めちゃくちゃおいしかったんだもん！　気温じゃなく体温で甘くとろける〝冬のチョコレート〟こそ、寒い季節の手みやげにぴったり。しかもこれは、おしゃれだけど、どことなくわんぱくなイメージ。高級なひと粒チョコレートのような気張った感がないから、もしも男の子が持ってきてくれたら、女の子はちゃめっ気を感じてキュンとしちゃうかも♡　チョコレートってどこか元気になれるおまじない的存在——ぜひウキウキしたエネルギーを注入してほしいなって思います。できれば手みやげ用のホールを買う前に、まずはできたての１スライスをその場で食べることを忘れずに、ね！

P.70-71

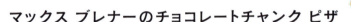

Yumemiyage
Column ❷
“ west ”

ねむきゅんの日本東西推しみやげ 西編

Text & Illustrations : 夢眠ねむ

さて、西です。

絶対外せないのは岐阜のあずさ屋「飛騨銘菓 しらさぎ物語」。最初は子どもの頃、誰かの温泉旅行みやげでもらったのかなぁ。姉の大好物で、「これ覚えてる？　めっちゃおいしいやつ」と大人になってからもらって、記憶がフラッシュバックしました。欧風クッキー（らしい）にホワイトチョコレートが挟まっているのですが、食べたあと鼻に抜ける卵の香りがすごいんです。こういう銘菓で、卵の甘みを感じてもここまで卵の〝香り〟を感じることないよなぁ（あ、でも長野の田中屋「雷鳥の里」は同レベルでいい香りがする！）。スティックサイズがスタンダードですが、最近はひと口サイズも出て、気軽なおみやげとして配りやすいです。

炭酸せんべいは数あれど、私が推すのは兵庫・有馬せんべい本舗の「有馬の炭酸泉せんべい」！　香ばしく、サリサリッと軽い食感に口溶け。瓢箪《ひょうたん》の包装紙と持ち手のひももかわいい！　本高砂屋の「エコルセ」は一度はおばあちゃんちで見たことあるお菓子ではないでしょうか（うちだけかな？）。緑の三角の、赤、金、銀の包み紙…目移りしちゃいます。中は薄く繊細に焼かれたパリパリの生地。〈E50〉サイズの大缶を抱えて食べたい！

これは期間限定なのですが、ケーキハウス ツマガリの「キングオブパンプキン」は秋になったら必ず注文したい一品。ぎっしりたっぷりのかぼちゃのフィリングは食べたことないくらいリッチで、ひと切れで朝ごはんになっちゃうくらいのボリューム！　そしてパイ生地にはバターの香りたっぷり、さらにアーモンドマジパンの豊かな風味が三位一体となってひと口食べれば「ありがとう、秋…」とつぶやいてしまうこと間違いなしです。贈りものにぴったりなかわいいサブレがのったものもあります。

絲印煎餅

三重の観光大使としては三重のお土産をたーーーっぷり紹介したいのですが…播田屋の「絲《いと》印《いん》煎餅」は優しい甘さであと引くおいしさ。一枚一枚に絲印（銅印）が押されていて見た目も素朴でありながらさりげなくかわいらしい。明治時代より献上菓子になっている歴史あるお菓子です。

菓匠 桔梗屋織居の夏限定「涼菓水まんじゅう」は風味のいいトロッとしたこしあん、葛《くず》本来の風味と喉越し…お茶を習っていたとき、いちばん楽しみにしていたお菓子です。そして朝日餅の「いちご

納屋橋まんじゅう

P. 72-73

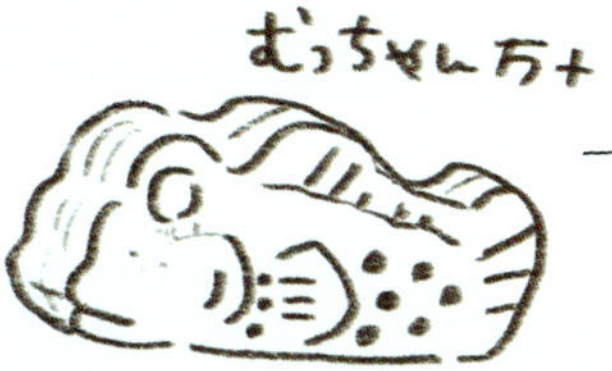

だいふく」「桃大福」。フルーツ大福が好きな方には絶対食べていただきたい！　いちご大福は断然白あん派なのですが、フルーツ・あん・もちのバランスが絶妙！　もちとあんこがサクッとしたパイに包まれた**「おもちパイ」**も本当においしいです。

愛知は名古屋、**万松庵**の**「納屋橋まんじゅう」**！　新幹線の待合室横の売店で2個入りが売っているので、自分用にはそれを。そのまま食べてもよし、帰ってオーブントースターでほんの少し温めて食べるもよし。豊橋の**かとう製菓「豊橋うずら大葉せんべい」**はサクサクと軽いエビせんべい生地にうずら卵のあっさりしたうまみと大葉の風味が珍しく、おいしい一品です。ジャケの絵がのんきでかわいい(笑)。

さあさあ、京都です！　京都といえばもう、茶団子ですよ。しかし、さすが京都。茶団子ひとつとってもめちゃめちゃ種類があるんです。その中でも、夢眠ねむイチ押しは**三昇堂小倉「茶だんご」**！　絶対これです。串に刺さってないやつです。断言します、一番おいしいです(当社比)!!　昔はおかっぱの女の子が鞠《まり》つきしてるみたいなパッケージだったんですが、パッケージが変わったときにわからなくて「あの茶だんごがなくなっちゃったよぉ～…」と京都駅で泣きそうになっていました…。そしてロゴのところでおかっぱの女の子を見つけた感動ったらもう！(泣)　ひと箱独り占めしてひとつひとつ剥がしてもちゃもちゃ食べるのが好きです。

福岡は選びきれない…。**むっちゃん万十**の**「ハムエッグ」**は卵がとろっとしてて絶品！　特製のマヨネーズがこっくりおいしくて、めちゃくちゃ重いおみやげになっちゃいますが、**「特製 むっちゃん万十おいしいマヨネーズ」**もマヨラーの友達に喜ばれます。

大分でおすすめなのが、**山荘 無量塔**の**「粒マスタード(プレーン)」**。よくある黄色い粒マスタードと違い、実をつぶさずつくられているのでプチプチした食感、透明感ある美しさ。お肉につけるのはもちろん、このままでもお酒のアテになっちゃいます。

熊本にはもちもち好きにはたまらないすばらしいお店があります。それは**白玉屋新三郎**！　その中でも**「からいも白玉」**はインパクト大でおみやげにぴったり。さつまいもを丸ごと使ったスイートポテトにカラメルソースをかけてスプーンを入れると、なんと…白玉が出てくるのです…！　さつまいもと白玉なんて、おなごが好きなものを合わせたら幸せになるに決まっています！　カフェではベストコンディションの白玉が食べられるので、それを堪能しつつ、おみやげを選ぶのもいいですね。

沖縄はちんすこう。一時期ちんすこうにハマったときにいろいろ買って食べてみたのですが、同じ材料(小麦粉、砂糖、ラードのみ！)でも全く違う味なのです。私が感動したちんすこうは琉球王家御用菓子 **琉球菓子元祖 本家新垣菓子店**の**「金楚糕《ちんすこう》」**！　電話予約しないと買えない場合が多いので、電話は必須。包み紙はシンプルなんですが、開けると金色ピカピカの箱が！　香りも甘さはもちろん、粉？　ラード？の香ばしさも鼻をくすぐります。ザクッ、ほろっ、スッ…「3つの材料だけでこんなにおいしくなるの…？」「ちんすこうってこんなに感動する食べ物だったの？」とつい2つ目に手を伸ばしてしまいます。購入したてはザクザクですが、旅行から帰ってきて少し落ち着いたあたりにはラードがなじんでしっとり食感になるのもお楽しみポイント。

思いつくままに書いてきましたが、全ッ然紹介し足りないですね…ド定番から隠れた名品まで…東西南北、まだまだおいしいものを求めて旅に出たいなぁ。

Yume
miyage
Part 2・見た目キュート

響きもかわいい「Nyancorou」（6匹入り¥500）は、フランス産小麦とジャージーバター、砂糖などでつくる欧州の伝統菓子。低温で長時間焼くことでさっくり優しい味わいに。「金串でちょんとつける猫の表情が、ときどき寂しげな子もいる（笑）」

素材が個々にきらめき、
タッグを組む。
愛《いと》しいショートブレッド。

Sunday Bake ShopのNyancorou

（HATSUDAI）

外国の映画に出てきそうな店名にときめいて、ふらり訪れた『Sunday Bake Shop』。ブラウニーにビクトリア、ジンジャーケーキ…料理人で、これまた食いしん坊でもあるお姉ちゃんと食べるため、一度に４～５種類は買うんだけど、スペシャリテでもある猫のショートブレッドは必ず。普段は口の中の水分を奪うお菓子全般を回避しがちだけど、これは別モノなのです♡小麦の風味がしっかりおいしく、バターも香り豊か。イタリア産の小粒の塩がときどきカツンと当たって、食べ始めから食べ終わりまで、どっしりした安定感があるのに、味わいが平坦じゃない。寝る前に小腹がすいたとき「１匹だけ」と決め、温かい飲み物と一緒にスリーピングスイーツとして味わうことも。〝焼き菓子の専門店〟とか〝曜日限定オープン〟という特別な場所に足を運び、お目当てのものを買う。それって日常の中で、プチ非日常を味わえるから、そこにかける時間も、かけている自分にも幸福を感じる♡――日々の小さな幸せをおすそ分けする気持ちで差し入れてほしいおやつです。

Sunday Bake Shop

渋谷区本町１の58の７ メゾンブロン1F

日曜９時～19時、水曜７時30分～17時30分
日・水曜のみの営業

https://ja-jp.facebook.com/Sunday-Bake-Shop-221589104598012/

＊詳細はFacebookをご確認ください

Sunday
Bake
Shop

特別な日に、とびきりすてきなストーリーを約束してくれる。

「夏もいいけれど、冬に冷たいもの、って取り合わせがなんだか贅沢《ぜいたく》。きっと甘い思い出をつくれるよ」。写真はフルーツシャーベットがキュートな「バルーンドフリュイ」(￥4,104)

グラッシェルのバルーンドフリュイ

(OMOTESANDO)

GLACIEL

渋谷区神宮前5の2の23
03(6427)4666
11時～19時(カフェ18時L.O.)
無休
http://www.glaciel.jp
＊ウェブ上でお取り寄せのオーダーも可

日常生活でコンスタントに食べる人もいると思うけれど、私にとって、ケーキは、「張りきりすぎて、ついがっつり食べちゃった！」って罪悪感も込みで(笑)、きちんとお祝いしたい日のための特別な存在であってほしい。いろんな味を少しずつ食べ比べられるプチフールも好きだけど、誕生日やクリスマスなどのスペシャルな日には、やっぱりホールケーキ！　しかも、それがフレッシュなアイスクリームを使ったとびきりチャーミングなケーキだったら？　今回ご紹介する『グラッシェル』は、表参道にある生グラス(生アイス)専門店。北海道の搾りたてのミルクを使ったアントルメグラッセが名物で、本格派ながらルックスがとびきりかわいいのです♡　まるでお花畑みたいな「バルーンドフリュイ」は、個々のフルーツシャーベットと甘酸っぱいベリーソースが口の中で仲よく溶け合って心がきゅんとジャンプ！　ほかにてんとう虫や大好きなクマがモチーフのデザインもあるので、ちびっ子がいる家庭にもおすすめ。手みやげにすれば、〝すてきな大人代表〟になれること請け合いです(笑)。個人的にはでんぱ組.incの『冬へと走りだすお！』をBGMに、楽しく食べてもらえたらうれしいな。

太陽みたい！
話題の中心になれる天然のスイーツ。

青果専門の小売業『九州屋』の一部店舗で販売（¥2,500 ※要予約。サイズと使う果物によって値段が異なる）。「大勢で順に食べれば楽しい駆け引きも♪　裸ん坊になったパイナップルの実は、カットするか大胆にガブッといくのが最後のお楽しみ」

九州屋のパインタワー

（SHIBUYA）

Kyusyuya

- 渋谷区渋谷２の21の１
  渋谷ヒカリエShinQs B3F
- 03（6434）1884
- 10時～21時　不定休

＊果物の種類は季節により異なります

ポップな〝黒ひげ危機一発〟みたいなこちらの正体は…？　大きくて甘いパイナップルをカットし、旬の食べ頃の果物を５～６種以上くっつけた「パインタワー」！　フルーツが主役の天然スイーツです。フルーツの手みやげって、木箱に入った立派すぎるものか、昔ながらのオードブルっぽい盛り合わせのどちらかがほとんど。でもこれは「きゃー♡」って感激するほどハッピーで、ちょっと間の抜けた愛らしいフォルム。これを発明した方は、きっとファニーでハッピーな人だと思うな（笑）。キャッチーな見た目の一方で、青果専門店によるものだからこそ、コンディションに手抜きがなく、どの果物もハイクオリティ。ジューシーなパインはもちろん、シャキシャキのりんごも、みずみずしいオレンジも、甘酸っぱいキウイも…どれも大ぶりで厚切り！　本当にみっちり詰まってます。カットする手間がいらず、手も汚れにくく、ビタミンたっぷりで美容と健康にもイイ。つまり女の子の最強の味方♡　お値段も良心的なので、ここぞっていうときの切り札にしてほしいな。疲れた日とか心が弱っている日、ヘコんでいるときにもらえたら、私だったらくすっと笑えてたちまち元気になれそう♪

イチゴ、チョコ、クッキー、生クリーム。女子の〝好き〟が四味一体♡

町の小さな洋菓子屋の初代が生んだ、知る人ぞ知る逸品。「香ばしくてほろほろと軽い食感のクッキーは、『イチゴシャンデ』のためだけに特別に焼いたもの♡　冷たい生クリームに温かいチョコレートをかけて仕上げるテクニックもすばらしい！　女の子の希望がぎゅぎゅっと詰まったこちら、ねむはライヴの合間にいただいてます」。イチゴのサイズに合わせて写真の[大]（￥230）、[小]（￥200）の２サイズを展開。

オザワ洋菓子店のイチゴシャンデ

（HONGO）

OZAWA YOGASHITEN

文京区本郷３の22の９
03（3815）9554
９時40分〜19時30分、
土９時40分〜18時30分
日休（祝日は不定休）

雑誌のおやつ特集の中でひときわキラッと輝いていたのが、この「イチゴシャンデ」。女の子が好きなものをひと粒で表現しちゃう、懐の深さと完成度の高さに感激して以来のファンです♡　バンドに例えるならイチゴがヴォーカル、クッキーはリズミカルな音を奏でるドラム役で、生クリームはメロディに華を添えるキーボード。チョコレートは屋台骨となり個々の魅力を引き出すベース担当。理想は４つの要素をまとめてほおばり、カルテットを楽しみたいけれど、「あれ!?　チョコと生クリームだけ食べちゃった。じゃあもう１回！」的なフライングを繰り返してしまうから、魔の手が伸びて、つい２〜３個ペロリ（笑）。ところで、愛らしいいびつさで複雑な女ゴコロを満たす「イチゴシャンデ」は、〝イチゴのシャンデリアのお菓子〟のフレーズを短くまとめた昭和40年頃に生まれた名作なのだとか。豆知識をさらっと伝えつつ、手みやげにできる男性は、女の子の間で〝あの人、ツボを押さえてる〟ってウワサになるはず♡

スパイシーで、甘くてほろ苦くて。
人生みたいな、ごほうびポップコーン。

シルバーのクールなパッケージが印象的な「カレーの恩返し グルメポップコーン」。ねむきゅんお気に入りの「キャラメルMIX」(64g¥896)は、コーンをオイルで煮るオイルポップ製法ならではのしっとり軽やかな食感のポップコーン。カレースパイスをまとわせたポップコーンとキャラメルポップコーンを7：3の割合で配合。「昔から甘じょっぱいとか甘辛いみたいな、複雑な味に惹《ひ》かれるみたい♡」

ほぼ日のカレーの恩返し グルメポップコーン

(NET STORE AND MORE)

HOBONICHI

https://www.1101.com/store/currypop/index.html

問store@1101.com

＊オンラインや実店舗「TOBICHI」(東京・京都)にて販売

糸井重里さんがカレー用に配合していたミックススパイスを製品化した「カレーの恩返し」。ひと振りするだけで、普段のカレーが劇的に華やかになる魔法の粉のファンです。それが、これまた大好物の「POP! gourmet popcorn」とコラボするとなったら…もう食べないわけにはいきません(キリッ)。2種類の味があって、私は特に「キャラメルMIX」が好き。五感を刺激するスパイスと、大人になってますます好きな甘くほろ苦いキャラメルが袋の中で仲よく同居しています。単体で味わうもよし、2つの味を一度に味わうもよし。くるくる変化していく味のグラデーションがとびきりアメイジングです(強いて言えばドーナツ食べて、フライドポテト食べて、またドーナツ食べて…永遠に続く誘惑のループをスマート化したようなもの!?)。体にもやさしいココナッツオイルで仕上げる、ポクポクしたライトな食感のちょっぴり贅沢《ぜいたく》なポップコーン。とっておきの映画やDVDを観ながら、ひとりで抱え込んでひたすら味わってほしい。私なら断然、爽快で切なくて泣ける、エレン・ペイジ主演の『ローラーガールズ・ダイアリー』! 複雑な感情が、ポップコーンとどこかリンクしてるから。

POP!

カレー
恩返し
キャラメル
POP!
gourmet popcorn
ULTRA PREMIUM
GOURMET POPCORN

起きぬけの優しい朝に。
思いやりを挟んで——。

『サンドイッチハウス メルヘン』がめざすのは、懐石料理のように〝目で見て楽しめ、余韻があり、また食べたくなるようなサンドイッチ〟。今日は果物とクリームを挟んだ「フルーツスペシャル」(¥388)、スフレのようなタマゴサンドとセットの「チーズチキン大葉巻き」(¥367)、「ハムチーズ」(¥324)をぱくり。ショーケースには、野菜たっぷりの惣菜系から揚げ物、スイーツテイストまでそろう。「300種にも及ぶレシピは『食べたい食材を挟んでいたら、たくさんできてしまった』そう」

サンドイッチハウス メルヘンのサンドイッチ

(SHINAGAWA)

新幹線で地方へ行くときの軽めの朝ごはんといえば、コーヒーとサンドイッチが定番。なかでも乗車前にわざわざ買いに行くほど好きなのが『サンドイッチハウス メルヘン』。白くまのマークが目印のブランドです。店名に〝サンドイッチハウス〟と掲げるだけあり、サンドイッチとの向き合い方がとても誠実でひたむき。ヨード卵光やブランド豚など選び抜いた食材を使うのはもちろん、きめ細かなパンも、まろやかな味のマヨネーズも、ぜんぶ特注。店舗ごとに厨《ちゅう》房《ぼう》で、卵をゆでてつぶしたり、果物を切ったり、生クリームを泡立てたものをその場で挟むから、いつもできたてホヤホヤです♡ 好物の「イカフライ」に「フルーツスペシャル」「チーズチキン大葉巻き」、どれを食べてもパンが出すぎることがなく、具が主張しすぎることもなく、ちょうどいいバランス。思いやりも一緒に挟んであって、日本人の舌にぴたっと寄り添うやさしいお味。定番モノから限定の味まで、所有するレシピはなんと300種以上。旅の朝ごはんやホームパーティなど、みんなで集まるときに多めに買っていろんな味を届けたい。ひとりじゃ味わいきれない、無限のおいしさと幸せをシェアしてほしいな。

Sandwich House Märchen

[エキュート品川サウス店]
港区高輪3の26の27
JR品川駅構内エキュート品川サウス
03(5421)2021
8時〜22時、日祝8時〜21時
無休

P. 82-83

ジュエリーみたいに、乙女心をくすぐりたくて。

“食べ物の第一印象は視覚から”のとおり、どのゼリーがどの味かがわかる実物そっくりの愛らしい形。味も香りも本物のフルーツをめざした味わいは濃厚かつフルーティ。「アイドルには不可欠の(!?)いちごはみんなで、ピンキーにはうめ味を、私はオレンジも〜らいっと……味もイロイロだから、その人の好みやキャラで選べます」。「苺缶」(¥1,080)

彩果の宝石の苺《いちご》缶

(SAITAMA)

Saika no Houseki

[大間木本店]さいたま市緑区
大間木737の3
048(762)7118
9時30分〜19時　無休(元日を除く)

*全国に約40店舗あるほか、
オンラインショップもあり

ゼリーは絶対、水分たっぷりのぷるぷる派!　だから和菓子やフランス菓子にあるような、表面にお砂糖がいっぱいまぶしてある甘さMAXのゼリー菓子に対して、ちょっぴり斜に構えていたんです。でも、飴《あめ》ちゃん感覚で食べられる、果汁入りの『彩果の宝石』は、果物それぞれの個性や酸味がきちんと際立って、よどみないおいしさ。すうっと口の中に飛び込んで、ねちっとする食感も気持ちいいのです。そのうえ主役のいちご、個人的に好きなオレンジ、マスカットにパイン、うめ、もも、ぶどう……15種類もの味はもちろん、果物のフォルムまで再現してあるのが愛らしいし、お見事♡　響きが似ているジュエリー(宝石)のように、キラキラした色とりどりのゼリーは、乙女心をストレートにくすぐり、テンションを上げてくれるものなんです。そのうえ、たいていの女の子が好きな、いちごが描かれた缶入り(←女の子はかわいい缶に目がない!)。食べるとおいしく、形として思い出に残る「苺缶」は、家庭的できちんとした生活を送っていそうな女の子に似合いそう。カジュアルな飴とも ハードルの高い生菓子とも違う、絶妙なポジションの半生ゼリー菓子で、ぱっと甘い夢を見せてあげてね。

まるいものって
癒されるよね！

まるいおやつで めざせ、世界平和

フォークやお皿を使わずに食べられる、
フラット系おやつ。角がなくて
縁起もいい。これって平和のシンボルよね。

中から"和"が
こんにちは

久世福商店の お吸い物最中 たまごスープ

「最中に穴をあけてお湯を注げば、ワカメや卵が入った本格的なお吸い物のできあがり。ライヴの合間とかに食べたりするから、仕事が忙しい人にイイかも。白くて愛らしいたたずまいにもなごむ〜」。1個¥280

- [渋谷ヒカリエ店]渋谷区渋谷2の21の1 渋谷ヒカリエ5F
- 03(6434)1429
- 10時〜21時　不定休

クリスピー・クリーム・ドーナツの オリジナル・グレーズド®

「アメリカ生まれだからヘビー系かと思いきや、食感ふわふわ口溶けはとろ〜ん♡　繊細で軽い口当たりなのです。1個¥160なんだけど、12個入りのダズンで買うと¥320お得になる。大人数への手みやげにぴったり！」

- 0570(00)1072
- 9時30分〜17時30分　土日祝休み

焼き印も
たまりません♡

とんかつ まい泉のポケットサンド

「ヒレかつととろとろ卵とパンがサンドイッチになって、しかも丸いだなんて！　なんてかわいいの！　これは『たまとろヒレかつ』なんだけど、お店ごとに微妙に内容が違っていて、食べ比べが楽しい」。¥445(税抜き)

- [新宿京王店]新宿区西新宿1の1の4 京王百貨店新宿店 中地階
- 03(5321)8041
- 10時〜20時30分、日祝10時〜20時 不定休

五円
小さい頃から
だ〜いすき♡

チロルチョコのごえんがあるよ

「縁起がいい五円玉型なのと、『ごえんがあるよ』ってネーミングが好き。大人買いしておいて、ちょっとしたお礼やメモに"ぴょっ"と添えて渡すことが多いよ。ほどよい薄さと懐かしい味に、無性にそそられる」。約16個入り¥100

- 0570(06)4530
- 9時〜18時　土日祝休み

P. 84-85

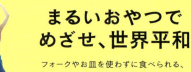

まるいものは
富の象徴よね

ミスタードーナツの ドーナツポップ

「後輩アイドルに買うこと多め。パーティ感があって盛り上がるし、ひと口サイズだからお腹の具合に合わせて食べられる。個人的にはチョコファッションボールとエンゼルクリームボールが好き」。24個入り￥760

- [銀座ナイン]中央区銀座8の5　銀座ナイン１号館1F
- 03(3573)1566
- ９時～23時、土日祝９時～21時
  無休

キミは
どれにする？

小さいけれど
満足度最上級

鈴懸の鈴《すず》乃《の》◯餅《えんもち》

「直径約５㎝と小さめながら品格ある味。佐賀県産のヒヨクモチを使った皮はもっちり＆しっとり。上品な北海道十勝産小豆のあんが挟まっています。手みやげには『鈴乃◯餅』が８個入った『◯籠』が◎」。￥1,350

- [伊勢丹新宿店]新宿区新宿3の14の１　伊勢丹新宿店B1F
- 03(3352)1111㈹
- 10時30分～20時
  不定休

アップルパイ
LOVE～♡

ココフランのアップルリング

「完熟りんごをキャラメリゼして、サクッサクのパイ生地で包んだもの。気軽なアップルパイだから、男女問わず人気モノだよ。その場で焼いているからいつでもできたてに会えるの。ぜひコーヒーと一緒に♡」。１個￥180

- [ウィング新橋店]港区新橋２丁目東口地下街１号　ウィング新橋B1F
- 03(3572)2712
- 10時～23時、土日祝10時～22時
  無休

Yume
miyage

Part 3

・おなか十分目

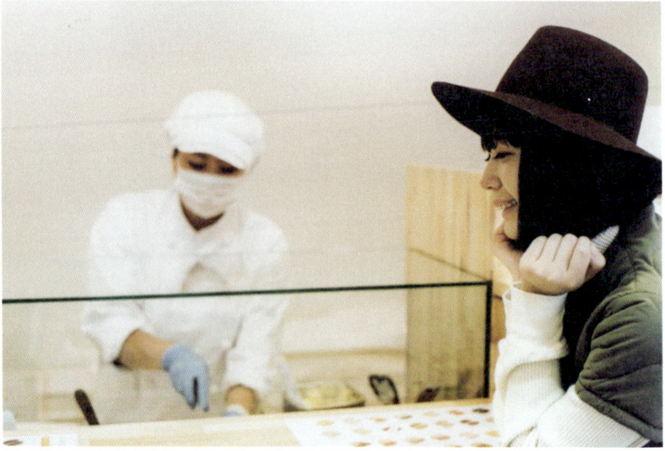

気持ちまでふくれる
モフモフ感♡

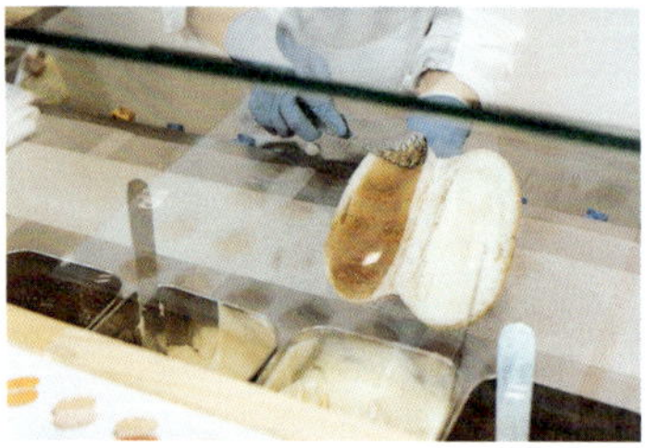

「コンセプトの〝おいしいコッペ〟と〝気持ちのいい接客〟が、きちんと体現されているお店だと思う！」。ショーケースにはチョコレートにピーナッツ、ポテトサラダ、たまご、コロッケ、カレー…多彩な具が並ぶ。メニューには載ってないけれど、別の種類を片面ずつ塗ってくれることも。「ジャムマーガリン」「あんマーガリン」（各￥190）・「ハムカツ」（￥300）

吉田パンのコッペ

（KAMEARI）

Yoshida Pan

［亀有本店］葛飾区亀有５の40の１
03（5613）1180
７時30分～17時30分、
月７時30分～13時　無休

＊コッペがなくなり次第終了

クロワッサンほど高貴な雰囲気があるわけでもなければ、食パンほどパートナー感があるわけでもない。小学生の頃はちょっとパサついた給食のコッペパンが苦手でした。でも大人になってみたら、コッペパンって自分から求めないと出会えないもの——失ってみて存在の大きさに気づいたりして。なかでも特別なのが『吉田パン』！　盛岡のソウルフードでもある『福田パン』で学んだオーナーが、地元・亀有で開くアットホームなコッペの専門店。店から徒歩10秒の工房でこしらえたふかふかのパンをベースに、〝おかず〟やショーケースにずらり並んだ約15種の〝おやつ〟から具を選んだら、あんベラでた～っぷり塗ってくれます。今日はこれからダンスレッスンだから、メンバーに手みやげを買っていこうかな♪　代表作の「あんマーガリン」に「黒豆きなこ」でしょ、「ハムカツ」に「やきそば」…決められないからいろいろ買って、みんなで分けっこしよっと。とその前に、店先のベンチで大好きな「ジャムマーガリン」をパクリ。ずんぐり大きなフォルムもとびきりかわいく、小麦の香りがふんわり漂い、歯形のギャザーが寄るほど生地はふんわりもっちり♡　幸せがむくむく込み上げるコッペです。

ふた口で完結してしまう——小さくて、愛らしいストーリー。

築地で創業した『築地天むす』は、築地市場の特性を生かし、魚介類と野菜を組み合わせた、いわば〝東の天むす〟。「職人さんがひとつひとつ握る、ご飯、天ぷら、タレのバランスが完璧です。さりげなく添えられた、山蕗《やまぶき》でつくる甘辛のつくだ煮も大好き♡　今日は水上バスでのクルージングのお供に！」。10個入り（￥1,512）のほか5個入り（￥756）や24個入り（￥3,845）などサイズもイロイロ。

築地天むすの天むす

(GINZA)

わが故郷・三重県の人は、非常に食いしん坊のようで、食にまつわる名物がとても多いのです。味噌《みそ》カツにういろう、苺《いちご》大福…そして今回紹介する天むすも、実は発祥の地。個人的に一番好きなお弁当の中身で、学生時代、行楽やおめでたい行事の日には、母に手づくりの天むすをつくってもらうのが恒例でした。迫力ある大海老《えび》を、お茶碗1杯分のご飯で握るのがわが家サイズ（←ビッグ！）ですが、ここ『築地天むす』のものは愛らしいふた口サイズ。塩と白ゴマをきかせた小ぶりのご飯には、ぷりっとした花形の海老天を筆頭に、歯ごたえがいいまいたけ、とろけるような茄子《なす》、かき揚げ、貝柱、穴子、豚天、そして季節の味…10種類もの具が！そのどれもがきちんと味つけされていて、全体のバランスや味のストーリーが完璧。「○個まで」と心に決めても、そのハードルを軽やかに越えてしまう…罪な存在です。大人数でも迫力あふれる24個入りならワイワイしながら選べるし、今日みたいなお出かけ（またはデート♡）には10個入りや5個入りを持っていくのが気分。景色を楽しみ、風を感じながら食べてほしいなぁと思います。おいしすぎて〝花より団子〟になっちゃうかもしれないけれど（笑）。

Tsukiji Tenmusu

- [松屋銀座店] 中央区銀座3の6の1　松屋銀座B1F
- 03(3567)1211(代)
- 10時～20時　無休

P. 88-89

じゃがいも、大好き。おしゃれなフレンチフライになったね。

「お姉ちゃんが仕事帰りに買ってきてくれて、このお店の存在を知りました。"不意打ちの手みやげ"ってうれしいものだなぁとしみじみ」。じゃがいもは、国産の珍しい品種のほかベルギー産を輸入していて、カット法もスタンダードなストレート以外に、ウェッジ、ハーフなどさまざま。「普段は塩味派だけど、おしゃれなディップが10種類も…気分や一緒に食べる人に合わせて選べるね。写真はRサイズ(ディップ&ピクルス付き¥500〜)」

アツアツを届けたい

アンド・ザ・フリットのフレンチフライ
(HIROO)

AND THE FRIET
- [広尾店]渋谷区広尾5の16の1・1F
- 03(6409)6916
- 11時〜21時、土日祝10時〜21時 不定休
- http://andthefriet.com

小さい頃から、大のじゃがいも党！ 7月14日の私の誕生日に豪勢な料理をふるまおうと、やる気満々の母親に向かって「粉ふきいもでしょ〜♪　揚げたじゃがいもでしょ〜♪」とリクエストしてがっかりさせてたし、どうやら主食がじゃがいもらしい…というだけで「将来、結婚するならドイツ人！」と決めていたくらい(笑)。ワイルドな肉に添えればうまみを引き立て、調理法ごとにいろいろな表情を見せてくれる。じゃがいもってなんて懐が深くて偉大な存在！ 専門店であるここは、ベルギー産のビンチェ種や北海道産の北海こがねやマチルダなど、好みの品種のお芋が選べ、それが最適なカット法で調理されたアツアツのフレンチフライとして味わえます。個人的に好きなのが、形もかわいいひと粒タイプの"ポムピン"。つぶしたポテトがねっとりしていてすごくメルティーなのです♡　パッケージもかっこよく、味わいも豊か──手みやげという名のもとに、全種類購入→みんなで"夢食い"してみてね。

AND THE
FRENCH FRIES

AND THE
FRENCH FRIES

世界でひとつだけの、
かわいくて贅沢《ぜいたく》な
サンドイッチ。

「大阪にいた頃は万博公園で尊敬する岡本太郎さんの"太陽の塔"を眺めながらおやつをパクパクしてました。このサンドイッチは、パンの大きさや形、具を選べるのはもちろん、絵柄やメッセージ(別途+《プラス》¥540)も描いてくれる。今回は"たぬきゅん"(ねむきゅん考案のキャラクター)と"mennon"♪」。老舗パン屋の名物で、ブルーベリーを練り込んだふわふわのパン生地の中に、リッチな食材を挟んだサンドイッチがぎっしり。「パン・ド・リオレ(7〜8人前)」(¥7,560)

シェ・カザマのパン・ド・リオレ

(HANZOMON)

Chez Kazama

千代田区一番町10 一番町ウエストビル1F
03(3263)2426
8時30分〜20時30分 日曜休
http://www.chez-kazama.jp

*オーダー限定「パン・ド・リオレ」はお渡し日の3日前までに予約。電話、FAX、HPから注文可

サンドイッチは私にとって、仕事の合間にさっと気軽につまめるファストフード。コーヒーが飲めるようになったことで、一緒に味わう機会が増えました。駅の売店で買ったものも好きだし、自分でつくる卵サンドだって十分おいしい。でもね、中身をくり抜いた丸くて大きなパンに、サンドイッチがぎっしり詰まった『シェ・カザマ』の「パン・ド・リオレ」だけは特別♡　食べても食べてもひと口サイズの三角サンドイッチの層が続きます。具は厚切りのスモークサーモンにカマンベールチーズ、ぷるっとした生ハム、ピクルス入りのジューシーなツナ、フルーティなジャム…。サンドイッチにはもったいないくらいのリッチな食材が挟んであって、"次は何だろうね♪"ってわくわくしながらつまむのが幸せ。フタの部分には、絵やメッセージも入れられるから、お誕生日やピクニックデートみたいな特別な日のサプライズにもぴったり。料理をしない男の子同士で食べるときは、ピザ感覚でおしゃれに食べてほしいな♡

ハートのお揚げとうどん♡
かわいいからってそこに甘えてないのがいい。

「このために、うどんがきちんと対流する鍋を買っちゃったくらい、好き♡　うどん、だし、甘くてジューシーなお揚げ、チャームポイントのピンク色したハートのうどんが１セットになった、つくるのはらくちん＆味は超本格派のうどん。私は『LOVEきつね（２人前）』（￥1,460）や『LOVEきつね（１人前×５セット）』（￥3,650）を買うことが多いかな。世代を問わずに愛される味だし、恋人や家族がいる人には、人数分差し上げると喜ばれます」

大澤屋のLOVEきつね

（GUNMA）

OSAWAYA

群馬県渋川市伊香保町水沢125の１
0279（30）4088
９時〜17時
木曜・日曜・祝日休
http://www.osawaya.co.jp

＊ウェブ上でお取り寄せのオーダーも可

今回は、〝日本三大うどん〟のひとつといわれる水沢うどんをご紹介♪　私の地元・三重の伊勢うどんは、お伊勢参りに来てくれた人の疲れた体と胃にやさしいものを…ということでふわふわ系だけど、それとは対照的に、やや太めでコシもしっかりめ。インパクト大なルックスにひと目ぼれし、４年前から定期的にお取り寄せしている「LOVEきつね」のうどんはつるつるでのどごしよく、昆布とかつおを贅沢《ぜいたく》に使った濃縮だしは味わいふくよか。さらに実家のそばに稲荷神社があったせいか、小さい頃から妙に大好きなお揚げさんが、ハート形におめかししてのっています♡土曜のお昼は『吉本新喜劇』を観ながらうどんを食べるのが習慣だったほど、実家は大のうどん党。だからバレンタインデーは、これと「お母さんにつくってもらってね」とメッセージを添えて、父におくります。深夜に小腹がすいたとき、食事をつくるのが面倒な週末のランチ、お酒を飲んだあと…いろんなシーンに寄り添ってくれるし、日持ちがするから、たくさんストックしておいてね。

P. 94-95

Yumemiyage
Column 4
“ petit price ”

手みやげならぬ
小みやげです

おいしくて気さくな プチプラ手みやげ

「お返ししなきゃ」と相手に気を使わせない
お手頃価格のスモールギフト図鑑。
知っておくと、意外と便利だよ！

何これ〜!?って
会話もはずむ♪

フェレロのキンダーハッピーヒッポ

「ちょくちょく足を運んでいる『PLAZA』でよく買うもの。キュートなカバの形のウエハースにミルクとヘーゼルナッツペーストが入ったチョコレート 。くふふって笑ってもらえて、ちゃんとおいしいんだよ！」。5個入り￥594

プラザスタイル
カスタマーサービス室
0120-941-123

10時〜18時
土日祝休

月島 久栄のハイラスク・ロイヤル

「月島にもんじゃを食べに行く道すがら見つけたお店。メロンパンが有名だけど、ラスクも名物。いくつか種類がある中、私はメロンパンの皮だけをラスクにした〝皮派〟。約1か月くらい日持ちするからまとめ買いしてる♪」。[小] 1袋￥350

中央区月島1の21の3

03(3534)0298

10時〜22時
無休

つまり
お米です

小みやげで
心をほぐそ〜！

NPO法人 越後妻有里山協働機構の 棚田天水米コシヒカリ「ツマリ・コメ」

「お米型の容器には、農薬を極力控え、新潟の松代・滝沢集落の棚田で収穫された天水米という絶品コシヒカリが♡　お米は愛されものだから、好みがわからなくてもあげやすいし、ひとり暮らしの人の味方になってくれそう」。1個(300g)￥500

越後妻有里山現代美術館[キナーレ]内
「大地の芸術祭の里」総合案内所

025(761)7767

10時〜18時
水曜休(祝日の場合は営業。
翌日休み)

気軽に買える
のもイイよね

ねこ好きに。
ニャー！

麻布かりんとのかりんとポップコーン

「かりんとうってちょっぴりヘビーな印象があるけれど、これはポップコーンに黒蜜と砕いたかりんとうをからめた、軽やかエアリータイプ。おかげで〝ぽぽぽ〟って永遠に食べてしまう…。日本茶にもコーヒーにも合います」。1袋(60g)￥378

- [麻布十番店]港区麻布十番1の7の9
- 03(5785)5388
- 10時30分～20時
第2火曜休

江戸駄菓子 まんねん堂の招き猫おこし

「浅草の老舗おこし屋さんの木型を譲り受け、職人さんがつくる手づくりのおこし。猫派の友達はもちろん、〝招く〟意味から祝い事のシーンでぺろっと渡せばお守り代わりにも!? 1匹1匹表情が違うところもかわいい」。￥388

- [本店]台東区下谷2の19の9
- 03(3873)0187
- 10時～18時
土日祝休

うずのくに南あわじのオニオンチップス

「チップスラバーな私の最近のヒット作。兵庫県南あわじ市産玉ねぎの使用率100%、『玉ねぎです』感がハンパありません。沖縄の宮古島の塩で味つけした『うす塩味』は軽くて風味がよくて…健康を気遣う方にもオススメ」。1袋(15g)￥260

- 兵庫県南あわじ市福良丙947の22
道の駅うずしお内
- 0799(52)3005
- 9時～17時
無休

ガトー・ド・ボワイヤージュの窯出しミニパイカスター

「パイとシュー生地がドッキングしたいいとこどりのシュークリームで、これはミニ版。箱の中にたくさん並んでいるのを見たら、『ポメラニアンが並んでいる♡』と感激するかも!? プレーン味も塩キャラメル味もどちらも好き」。1個￥162

- [東武百貨店 池袋本店]
豊島区西池袋1の1の25
東武百貨店 池袋本店B1F
- 03(6914)2867
- 10時～21時、日祝10時～20
不定休

＊販売期間は9月5日～30日。前々日までに予約を。二子玉川東急フードショー店などは通年であり。

Yume miyage
Part 4・オトナ気分

パクッとするたび
うまみが弾ける。
お酒とのペアリングも♡

撮影中も、隙を見てはパクッ。職人が焼き上げる、大人のためのしゃれたパイは、「いろんな味が入ってる大袋のおせんべいがあるでしょ？　お得感があってお腹も心も満足させてくれる、あの感じに近いかも♡　とくにコンブは、アメ色に炒めた玉ねぎのようなうまみが感じられて個人的ナンバーワン！　夜、ひとりでじっくり味わうのもいいけど、ホームパーティの前菜代わりに持っていっても。つまり懐の深いお菓子なのです」。「大缶プティ・サレ・アペリティーフ（大缶入り）」（130g ￥1,998）・「小缶プティ・フール・セック＆サレ（小缶各１缶入り 詰合せ）」（セック100g・サレ80g ￥2,808）

シェ・リュイのプティ・サレ・アペリティーフ

（DAIKANYAMA）

缶も
おしゃれ！

Chez Lui

［代官山店］渋谷区猿楽町23の２
03（3476）3853
９時〜22時　無休
http://www.chez-lui.com
＊ウェブ上でお取り寄せのオーダーも可

小さい頃から、塩辛やチーズ、練り製品みたいな子どもらしくない、シブい食べ物が大好き♡　ある日、レッスンを頑張った自分へのプチごほうびとして、代官山の『シェ・リュイ』でメイプルメロンパンをお買い上げ→とある商品がふと目に留まる→あっという間にハートをつかまれる。それが「プティ・サレ・アペリティーフ」でした。いろんな国の国旗が描かれた、たたずまいがステキなこの缶に入ったお菓子を直訳すると〝小さな塩味の前菜〞。ひと口サイズ以下のサクッとしたパイで、オリーブにコンブ、エビ、チーズ、ゴマ…一度にいろんな味が楽しめて、口に運ぶたびそれぞれの風味がとめどなく体中を巡ります。お腹のすき具合に合わせ、好きなだけパクパクできるのもいいところ。辛党の方はもちろん、ワインやビールとの相性もいいから、お酒好きの方のおつまみにもぴったり。いつか『シェ・リュイ』の工房見学をさせてもらえるなら、できたてを巨大なパイシートのまま食べちゃいたいくらい、好き♡

「本格派のチーズが気軽に食べられる、ありそうでないお店」。イタリアでできたてのチーズのおいしさに魅了されたオーナーが修業の末に生みだしたレシピは、契約牧場から届く牛乳をベースにした、従来の概念を覆す逸品ばかり。ブッラータは、生クリームをモッツァレラチーズで巾着状に包んだイタリア発祥の個性派チーズ。腕利きのシェフも認める、日本初となる国産品。「東京ブッラータ」（1袋¥1,080）

渋谷 チーズスタンドの東京ブッラータ

（SHIBUYA）

SHIBUYA CHEESE STAND

渋谷区神山町5の8・1F
03（6407）9806
11時30分～23時（22時L.O.）、
日11時30分～20時
月曜休（祝日の場合翌日休み）
http://cheese-stand.com/

＊ウェブ上でお取り寄せのオーダーも可

渋谷をぷらっと歩いていたとき、カフェかと思って入ったのがこのお店との出会い。扉を開けたら、できたてのチーズがその場で食べられて、それにまつわる料理が楽しめ、お持ち帰りもできる、本格的かつ骨太なチーズ専門店なのでした。モッツァレラにリコッタチーズ…メジャーどころも多いなか、心惹《ひ》かれたのが「東京ブッラータ」。餅巾着みたいにファニーな見た目とは裏腹に、れっきとしたイタリア発祥のフレッシュチーズ。ぷにっとしたモッツァレラチーズをナイフでつつくと、濃厚かつほんのり酸味のある生クリームがとろーんとあふれ出ます。スタンダードなチーズよりもクセがなく、ミルキーで若々しい味わい♡　今日はトマトと葉野菜、味つけはオリーブオイルと塩だけど、果物やジャムなどスイートな食材とも仲よくマリアージュします。たとえ料理が上手でなくたって、ホームパーティや家飲みでデモンストレーションっぽくブッラータと食材をお皿にのせてサーブすれば、とたんにデキる男（に見える）！　独り占めしてかぷっといきたいところだけど、みんなでわいわい盛り上がりながら味わってほしいな。

P. 100-101

ゆるめたり気合を入れたり。
おいしいコーヒーって、偉大。

「帰宅後、いただいた焼き菓子や遠征先で見つけた銘菓など〝1粒で濃厚なお菓子〟とともに味わいます。男性には、甘いものが集まりそうな場やアウトドアの場に持参してほしいな。お湯さえあればいいのにインスタントじゃないなんて、粋♡」。「コーヒーバッグ」(各2袋計6袋入り¥880)は、中煎《なかい》りのブレンド#8ほか、朝に飲むコーヒーをイメージしたブレンド#7、深煎りのブレンド#9がセット。

08COFFEEのコーヒーバッグ

(AKITA)

08COFFEE

秋田市山王新町13の21
三栄ビル2F
018(893)3330
10時〜20時、土日祝8時〜18時　水曜休
http://www.08coffee.jp

＊ウェブ上でお取り寄せのオーダーも可
現在、パッケージの文字色は黒のみ

トーストとコーヒーが朝ごはんの定番だった母の姿を見ていたせいか、ほろ苦いコーヒーは〝大人の証〟みたいでちょっぴり距離があったんです。ただ、食いしん坊としては、甘いお菓子をベストな状態で味わうためにも、その魅力を引き立てるコーヒーを〝飲めるようになるべき〟と思っていたし、世の中にコーヒースタンドが増えたおかげで少しずつ飲む機会も増えてきて。舌も気持ちも準備万端になった頃、ファンの方に教えてもらったのが『08COFFEE』。このティーバッグならぬコーヒーバッグは、お湯にぽとんと落とすだけ。抽出時間次第で濃くも薄くもできて、あっという間に上等でおいしいコーヒーのできあがり。会議や打ち合わせ、気の置けない仲間とのおしゃべりの中心にさりげなくあるのって、実はコーヒー。ほわんと香って気合を注入したり、場の空気をゆるめてくれる頼もしい存在です。それに、〝とりあえず〟じゃなく、こだわって味わう男子はステキだし、一歩先にいるイメージなんです♡

「今日は浴衣を着られてうれしいな♡」とねむきゅん。「普段は、〝わざわざ『みはし』まで来たんだから！〟と気合が入って、ついお雑煮まで食べちゃう(笑)」。本日は手みやげ用に「豆かん」(イートインは¥500、テイクアウトは¥400)をおかわり！　「聞けばテングサは伊豆諸島や八丈島産のものをブレンド、扱いが難しい赤えんどう豆は煮込んでからひと晩寝かせ、せいろで蒸すそう。そのこだわりがマニア心をそそる♡　ここで働くと、休憩時間に好きな甘味を一品食べていいらしい。アルバイトしてみたい！」

素朴なのに奥行きがある。
豆かんも、そういう男子も好き♡

シンプル
シック！

みはしの豆かん

(UENO)

MIHASHI

[上野本店]台東区上野４の９の７
03(3831)0384
10時30分〜21時30分(21時L.O.)　不定休
http://www.mihashi.co.jp/

＊本店ほか東京駅一番街店など
都内に6店舗あり

小さい頃はお茶やお能など、伝統的な和の習い事をしていて、休憩時間に食べていたのはきまって和菓子。高校時代に大阪にある美大の予備校に通っていたときも、帰り道、昔ながらの甘味処《どころ》にふらっと入って、ひとりの時間を満喫していました。「大きくなったら好物の白玉を好きなだけ追加トッピングするのだ！」なんて思いながら(笑)。上京してからたびたび訪れるのが、上野駅近くにある『みはし』。もともとは華やかな「フルーツみつ豆」派だったけれど、年齢を重ねるにつれ、魅力をひしひしと感じるようになってきたのが、シックな「豆かん」です。磯の余韻がふわんと残るテングサからこしらえる寒天とふっくら炊いた赤えんどう豆のコンビに、黒蜜をかけるだけという潔さ。つまり究極の、研ぎすまされた甘味なんです。素材のよさや職人さんの仕事ぶりが如実に出ちゃうから、味のわかる方におくりたい。ところで、シンプルだけど奥行きを感じさせる〝豆かんみたいな男子〟ってステキですよね♡

Finale!

最終回ダイジェスト

食べるのが好き、手みやげを渡すのも好き。連載の
フィナーレはスペシャルゲストや『メンズノンノ』読者に向けて
「ありがとう」の気持ちを込め、拡大版でお届け。

銀座ウエストのリーフパイ

「清潔な雰囲気から心地のよい接客まで、何もかもがすてきで上質な喫茶室。〝今日は癒されたい〟、そんな日に訪れます。店内ではおかわりできるココア(¥972)とリーフパイ(＋¥87・温めてもらうとより美味♡)をパクリ。体のすみずみまで幸せで満たされたら…〝手みやげ魂〟がむくむく湧いてきた！」

[銀座本店]中央区銀座7の3の6　03(3571)1554　9時〜23時、土日祝11時〜20時　無休

初対面の人にも安心。
みんな大好き！ バターが
ふわり香るリーフパイ

フルーツ好きな人
ほど満足度高め♡

ホットケーキパーラーフル フルのフルーツサンドイッチ

「大好きなフルーツパーラー出身のスタッフさんが開いた居心地のよいお店。パフェにホットケーキ…小さい頃からの憧れの味に出会える！　端正なフルーツサンドイッチはコクのある生クリームと味の濃い苺《いちご》、パパイア、キウイ、バナナ、口溶けのよいパンが合わさり、おいしさしかない！」。8切れ¥1,400、持ち帰りは1パック4切れ¥750

[赤坂店]港区赤坂2の17の52・103　03(3583)2425　11時〜13時L.O.・15時〜19時30分L.O.、土日祝11時〜17時L.O.　月曜・第1＆第3日曜休

P. 104-105

違いのわかる
目上の方には
ストーリーが
詰まった逸品を

帝国ホテル 東京「ガルガンチュワ」のシャリアピンパイ

帝国ホテル伝統の味は、「やわらかい牛ヒレ肉のステーキに、埋もれるほどコクと甘みのあるオニオンソテーがたっぷり入ったミートパイ。お酒が欲しくなる罪な味で、中央の星形のマークにも、きゅん♡」。直径約15cm ¥2,700（※予約がおすすめ）

千代田区内幸町１の１の１　帝国ホテル 東京本館1Fホテルショップ「ガルガンチュワ」
03（3539）8086　8時～20時　無休

「インスタグラム上で何げにお互いの食事をチェックしてるんだよね、俺たち（笑）」（かせきさん）。「かせきさんも私も"炭水化物＋お肉"メニューが大好物。このパイも、絶対好きだと思う！」（ねむ）

かせきさいだぁ／1968年９月26日生まれ、静岡県出身。ヒップホップアーティスト。随筆家、作詞家としても活動。最新アルバム『ONIGIRI UNIVERSITY』が絶賛発売中。

Finale!

腹ペコさんの
お腹と心を満たす
滋味いっぱいの
手みやげ

神田志乃多寿司のかんぴょう巻

「３分間の休憩中にぱっとつまめるから、ダンスレッスンの日に買うことが多いよ。太巻も稲荷ずしも絶品だけど、ここはあえて甘辛く煮たかんぴょう巻推しで。これを手みやげに持っていけるくらい"滋味がわかる人になってね"という願いも込めてます♡」。のり巻12個入り ¥1,091

［本店］千代田区神田淡路町２の２　03（3255）2525
7時30分～18時　火曜休

「ツイッター上でつながった私たち、今では２人で食事に行ったり、おみやげを交換し合ったり」（土岐さん）。「おちゃめでかわいい土岐さん。このかんぴょう巻をね、ずっと食べてもらいたかったの！」（ねむ）

土岐麻子《ときあさこ》／1976年３月22日生まれ、東京都出身。歌手。「Cymbals」解散後、2004年にソロデビューを果たす。最新オリジナルアルバム『PINK』、大人のダンスベストアルバム『HIGHLIGHT -The Very Best of Toki Asako-』、そして、初のフォトエッセイ集『愛のでたらめ』が好評発売中。

慌ただしく働く人に。
元気をくれる
魔法のサブレ

リンツの
ミニサブレ ショコラ

「仕事場で疲れてる人たちに1枚ずつ〝ハイ〟と渡すのがこのサブレ。味わいリッチでバターの風味が豊か。チョコレートブランドの『リンツ』らしく小さなチョコがあちこち潜んでいて、サクサクの生地と一緒にはかなくとろける。ときどきさりげなく感じる塩気もいいのです」。15枚入り￥822

[リンツ ショコラ カフェ 渋谷店]渋谷区渋谷1の25の6 03(6427)2793 9時〜23時 無休
http://lindt.jp
＊ウェブ上でお取り寄せのオーダーも可

手みやげは日常に
小さな幸せをもたらす〝魔法〟。

私が『メンズノンノ』の誌面に連載でおじゃまして2年弱。
いろんな手みやげと出会い、読者やファンの方からうれしい反響もいただきました。
手みやげはおいしい、うれしい、幸せが詰まった最強の魔法。
いろんなシチュエーションに遭遇するこの先の人生で、魔法のストックは
多ければ多いほどいい。背伸びしすぎない程度にチョイスして、
自然におくれるようになれたら、カッコいいし、すてき。
日常に小さな魔法をかけられる男性になってね♡　本当にありがとう!

Finale!

とっておきの日に
分かち合いたい、とびきりの
「きゅん♡」を、キミと

ジェラテリアピッコの
ジェラートケーキ

蓼科高原の名物が食べられる、知る人ぞ知るジェラート専門店。「搾りたての低温殺菌牛乳でつくるジェラートは、ごくごく飲めるくらいミルキーですこやかな味、体にすうっと染みていく。その日の販売分しかつくらないから、すごく新鮮!　特別オーダーの『たぬきゅんver.』は、搾りたてミルクとチョコミントのコンビ」。直径15cm￥5,610

[六本木店]港区六本木6の8の21 03(5411)0536 12時〜22時(1〜3月は12時〜19時) 月曜休(祝日の場合は営業、翌日休み)
www.gelateria-picco.com/
＊ウェブ上でお取り寄せのオーダーも可
(4日前までに要予約)

Yumemiyage

Long Interview

夢眠ねむは 食いしん坊人生 まっしぐら！

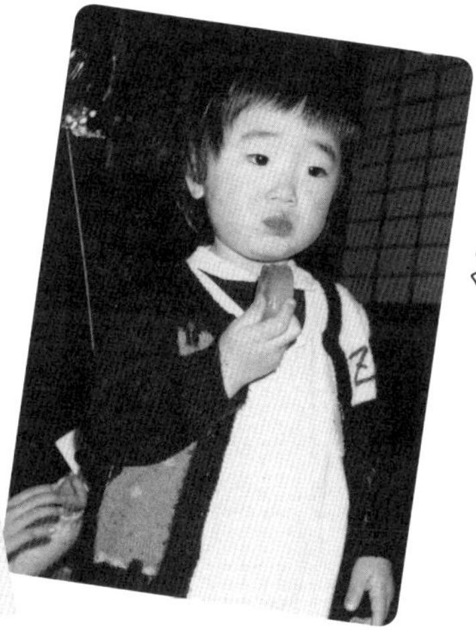

いつだってもぐもぐ

こんなに大きくなりました

夢眠ねむは、忍者のふるさと・三重県伊賀市で海産物卸問屋の次女として
生まれました。こだわりにあふれた家族の中ですくすく育ち、
小学校時代は毎日のように給食のおかわりじゃんけんに参加。
中学・高校時代はおこづかいの全額を買い食いに費やし、アイドルの下積み時代は
食べすぎのために太ったことも少々。最後は、夢眠ねむが大きくなるまでの
〝食いしん坊のあゆみ〟と〝手みやげ考〟について、聞いてみたいと思います。

食べることは生きること――ねむにまつわる食の生い立ち。

――まずは地元や家族について教えてください。

地元は、三重県上野市（現・伊賀市）。生家は200年前から建つ古い建物で、父は海産物卸問屋の4代目。母は父のサポート役で家業をお手伝い。そして、料理人をしている年の離れたお姉ちゃんがいます。それぞれツボは違うけれど、〝こだわり屋〟というのは共通しているかな。

――忍者のふるさとに生まれたんですね。

そうです。小学校の同級生には先祖が忍者の服部さんや百地さん。そして松尾芭蕉の生まれ故郷なので、直系の血をひく松尾くんもいました。諸説ありますが、上野以外にも近くには〝銀座通り〟や〝丸の内〟という地名があって、それを東京でもなぞったという噂《うわさ》も。それくらい歴史と情緒があり、とてもすてきな町です。

――おいしいものも多そうですね。

商店街には、老舗の和菓子屋からケーキ店、お茶屋、コロッケ屋まで、いろんなジャンルのお店がよりどり見どり。思い起こせば、小さい頃からおやつの幅は異様に広かったと思います。また、父は茶道、母は日本舞踊が趣味なので（←ちなみに私は猫背矯正のため、長い間、フラメンコを習ってた（笑））、それに欠かせない〝お茶とお菓子〟は普段から当たり前に食べていました。

――粋な環境ですね。子ども時代はどんな子で、何が好物でしたか？

保育園のときは、女の子なのにガキ大将（笑）。小学生になってからは生徒会の役員とかをやるタイプ。運動は得意じゃなかったけど、ゲームを考えたり、架空の郵便局をつくって遊んでみたり…全体の〝仕組み〟を考えて、それをおもしろく盛り上げるのは、やたら得意だったかも。

小6の時点で身長が162㎝あったせいか、完全に痩せの大食いで、給食のおかわりじゃんけんには必ず参加していました。自宅がお店も営む魚の卸問屋だからか、下校後のおやつは、刺し身とか笹かまとかコンビーフ缶とか。とくにヒラメのえんがわが好物でした。あ、あと業務用の冷凍庫があったので、昔は実家でアイス屋さんもやっていて。100円の「アイスクリン」と「サクレ」を引っぱり出してはよく食べてました。バニラとチョコが繊細に重なったケーキのようなアイス「ビエネッタ」は、たま～に母のお許しが出たときだけ。

――当時から、シブめでちょっとひねりのきいたセレクトですね。

家族それぞれにこだわりの食べ方があって。例えば父とは、母に叱られながらかまぼこを板付きのままガブッとしたり、スライスしたハムを5枚重ねてかじってみたり、アルミホイルでくるんだあんぱんを網付きのヒーターで焼き、牛乳と一緒に食べたり。父のゴールデンルールにつき合うとか、見よう見まねで自分なりのこだわりを見つけてみるとか、今思えば、あれが原体験になっているのかも。ちなみに当時、たまごボーロの成分表を見て、同じ味を再現して私に食べさせてくれたお姉ちゃんは、料理人になりました。何が言いたいかというと、それくらい〝食べること〟に重きを置く家族なんです、我が家は。

――食道楽の家に生まれ、たたき込まれた精神はありますか？

なんだろう？（笑）〝本物を知っておきなさい〟ってことかな。洋服だったら普段からいいものに触れることで、ブランドに着られるのではなく、それが似合う人になる。食べ物も同じで、駄菓子やB級グルメが決してダメなわけではなく、本物の味を知ったうえで、それとは違うおいしさや楽しさを知りなさい、と。たまに父の仕事のおつき合いで、魚を卸しているお寿司屋さんや料亭、フランス料理店で外食させてもらえたのは、今思えば貴重な経験だったんだなーと。

――小学校を卒業してからは？

大阪にある中高一貫の私立女子校に通うようになりました。この期間はズバリ、買い食いがめっちゃ増えた時期！　通学に片道2時間半もかかるから、下校前には仲よしグループでポテトのお店やたこ焼き屋、ときには難波やアメ村まで出向いてクレープを食べたり。おこづかいは完全に食べ物に消えていましたね。

高校生になると、学食にもちょくちょく行くようになりました。謎のこだわりがある学食で、私はよく、鶏卵うどんにから揚げをトッピングして食べていました。あとは、ハム&チーズのサンドイッチを焼いてアルミホイルで包んだ〝銀パン〟や、菓子パンの「ミニスナックゴールド」をオーブンであぶったメニューも。普通のメニューをひと手間かけるだけでおいしくなるんだってことを、あの学食で学んだ気がします。

あと、今まで生きてきた中で一番ストイックだったのがこの頃で、高校のほかに絵を習うための画塾にも通っていて。平日は23時前に家に着き、寝るまでデッサンの練習をして、朝は6時に家を出て…だからこそ、おやつは欠かせなかったのかも。たまに『アフタヌーンティー・ティールーム』のスコップケーキが食べたくなって、画塾つながりの仲よし4人組で行き、「点数が上がらない～」って、その場で涙を流したり（苦笑）。大人っぽい時間の使い方ができるようになったり、これを食べるならここ、と自分なりのお店の選び方ができるようになった時期です。

――そして…ついに小学生時代から憧れていた美大に合格しましたね！

大学生になって上京し、初めてひとり暮らしを経験しました。大学から自転車で10分の距離の場所に住み始めました。が、寝坊しかしなくなりました（涙）。中学・高校時代はぜんぜんそんなことなかったのに…。課題のために着ぐるみとかの製作はするけれど、基本的には、家に引きこもって〝体にフィットするソファ〟という名のソファに埋もれ、『カートゥーンネットワーク』のディテールを全部覚えられるくらいまで、ひたすら観続ける日々。正直、ひどいものでした。

食に関しては、これまで料理上手な母と、料理人をめざすお姉ちゃんがいつもそばにいたから、調理をする機会なんてぜんぜんなかったんです。コンビニで買った100円の冷凍ピラフとか缶詰のツナを入れたチャーハン、あとは業務用のハッシュドポテトを大量買いしてチンして…そういうのをずっとず～っと食べていました。そのたびに悲しい気持ちをポエムにつづりながら、「私にとってのぬくもりは、これしかないんだ…」と、泣きながら生きていました。こういう食事を続けていたおかげで、大学1～2年生の頃は、ものすごく太りました。

――その後はディアステージの寮に住むように？

秋葉原の『@ほぉ～むカフェ』でのメイドにひと区切りをつけ、アイドルとして頑張ろうと決意した頃は、一番貧乏だったときです。当時はみんなで寮住まい。安くてボリュームはあるけれど、太りにくい料理ということで、春雨とおそばを半分ずつゆでて盛ったものをしょっちゅう食べていました。その一方で、ディアステージがある秋葉原は、ガッツリ系フードの誘惑の宝庫で、私にとっては天国（笑）。卵やコーン、ウインナーがイロイロ入ったばくだん焼き、クレープ、『京たこ』のたこ焼き、おにぎり屋さんのおにぎり…しょっちゅう買い食いしていたし、それに加えて深夜に寮のまかないを食べていたから、また太りだして…。「ねむはまかないを食べちゃダメ！」と、スタッフさんから食事を取り上げられたときは、泣きました。「ごはんを食べられないならデブのまま死んだほうがましだ」とふてくされていた時期もあったけど、少しずつアイドルとしての意識も出てきて、ダイエットして8kgくらい痩せました。

――2011年頃から環境がどんどん変わっていきましたね。

東日本大震災のあと、建物の老朽化などいろいろなことが重なって、「来月で寮、終わります！」的な、マンガみたいな出来事がありました。なんとかひとり暮らしを始めて、2011年にトイズファクトリーからアルバムを出すことはできたけれど…オリコンチャートは124位だし、渋谷TSUTAYAのインストアライヴも5人くらいしかファンがいなくて…。「秋葉原じゃなくて、渋谷だからみんな来にくいのかな～」とか、励まし合いという名の言い訳をしたりして。けれど、秋には『Future Diver』が発売され、もがちゃんとピンキーが加入…そして2014年には、念願の武道館ライヴも開催することができて…。家族よりも濃密な時間を過ごしてきたメンバーと、目まぐるしいけれど、夢みたいな日々を味わえたんだなーって。今なら「数年前の私、すぐにクヨクヨしちゃってバカだなー（笑）」って、思うんだけど、当時はいっぱいいっぱいだったんですよね。

――食べるのも好き、手みやげを渡すのも好きなねむきゅん。いつ頃からそういう気持ちは芽生えたのですか？

小学生の頃かなー。当時から身近な人に差し入れするのがすっごい好きで。例えば父親には、きんつばを見かけたら必ずゲットしていたし、肉まん系が好物の母親には、それを食べさせたくて、学校帰りに「お母さん、絶対喜ぶはずなの！」と意気込んで、肉まんとかカレーまんを5個も6個も買い込んだことも。当時はそういうことをできる自分が妙に誇らしくて、うれしくて。でも、今思えば、すぐ冷めちゃうし、食べきれないし。もしかしたら迷惑だったり負担をかけていたかもしれないのにね（苦笑）。

中学生くらいになり、自分が思い描いていた相手の理想の反応と、現実の鈍い反応から、温度差があるなってことに気づいて。「あれ!?　もしかしたらこんなにいらないのかも…!?」とわかったときは、かなりショックを受けました（苦笑）。食べ物って〝もうちょっと食べたい〟くらいが実はちょうどいいのに、当時は、自分の欲求を、がむしゃらに相手にぶつけていたのかも。年齢や経験を重ねた今は、思いやりの方向とかやさしさの分量をちょっとずつちょっとずつ、わかってきたのかもしれないなーとは思います。

――どうやっておいしいものの情報をインプットしてきたのですか？

中学・高校時代から、愛読書は『オレンジページ』と『おとなの週末』と『dancyu』！　料理雑誌や料理本を眺めるのが大好きでした。とくに美しいお寿司の写真には、あえて文字をのせないところが魅力だった『おとなの週末』は、その部分を切り抜いてスクラップしたり〈←いまだに持ってます♡〉、どんどんページからあふれ出てくる食のトレンドには常に目を光らせ、入念にチェックしていました。ただ眺めて満足するのではなく、時間があるときは、母やお姉ちゃんと一緒に都会（＝大阪）に出かけて、実際に味わってみたり。

今は、インスタグラムが便利なのでそれをチェックすることが多いかな。例えば、こだわりのお肉屋さんがやっている数量限定のお肉のサンドイッチなど、普通なら常連さんじゃないとわからないような情報を、リアルタイムで、さまざまな角度からチェックできるから。

あと、気になるお店はある程度スマホでメモしておいて、仕事の合間や終了後、現場から近いところへパトロールしに行くことも増えました。そういうときは、メンバーや仕事でお世話になっているメイクさんと一緒に行くことが多いかな。職業柄、地方や海外へ行くことも多いので、とにかくいろいろ買い込んで、自分の舌で食べて、確認して、おいしかったら取り寄せてみる！　経験とか場数をどんどん踏むようにしています。

――手みやげの根底にあるものってどんなことなのでしょう？

小さい頃、『不二家』へ行ったときは、父はプリンでお姉ちゃんはモンブラン、母はホワイトチョコレートのケーキに好きな銘柄のコーヒーを

手みやげから生まれるといいな。みんなの幸せループ！

合わせるのが決まり。〝それがそろわないなら食べなくてよし！〟みたいな我が道を行くタイプばかりの環境で育ちました。〝人はそれぞれ、独自の強いこだわりを持って生きている〟ということは幼少期からなんとなーく理解していたので、常に「満足させるにはどうしたら？」とか「これなら喜ばれるかな？」みたいなことは考えていますね。

――ねむきゅんが思う、理想の手みやげについて教えてください。

アイドルとしてライヴのステージに立ったときは、ファンの方に喜んでもらえるシチュエーションを目の当たりにできるけれど、私生活では、人を喜ばせられることってあんまりなくて。誰かを喜ばせるぞって前のめりの気持ちだけで攻めるのは意外とハードルが高いし、空回りしがちだけど、手みやげの力を借りることで、相手に気軽な魔法をかけられるのかなって。手みやげなんてなくても気持ちが一番だよねって説もあるけれど、気持ちを形にできる方法を知っているのは、大事なことかなとも思うんです。もちろん、差し上げるのは、手みやげに限らず、手書きのカードでもいいし、小さな飴《あめ》ちゃんだっていい。それがあることで、人と人との間に会話が生まれて弾んだり、距離がぐーっと縮まったりすると思うから。

私自身、手みやげに対して、昔は気合の塊みたいな人間だったけれど、以前よりはさらっとできるようになったかなって思うし、もっとさらっとさりげなくおくれる人になれたらいいな。手みやげって、粋な大人になるための、ひとつの訓練なのかもしれないです。

――最近の手みやげ事情はどんな感じですか？

女友達はもちろん、最近は仕事場や、大人数が集まる場所へ差し入れをすることが増えてきました。相手の反応をワクワクしながら期待してしまう一方で、気を使わせたり、負担をかけないギリギリのラインを狙えたらいいな、と思っています。それには思いやりの押し売りではうまくいかなくて、これまでの経験や、相手の状況に合わせ、「甘いものとしょっぱいものはこれくらいのバランスにしよう」とか、「この味は人気なんだな」「荷物が重そうだから軽いお菓子にしておこうかな」とか。そこで得られた反応を頭に取り込み、常にアップデートさせて、次に反映させていくって感じです。私の中ではどこかゲーム的で、せっかくそのゲームをやるなら、楽しみたいし、ハイスコアを狙いたいっていうのが本音ですね。それがクリアできると、「やったぜ！」みたいな妙な満足感を得られます（笑）。

――では最後に、みんなへメッセージをお願いします。

私が手みやげ好きなのを知っている人からは、「こんなのがあるよ！」「めちゃくちゃおいしいから食べて」とか、教えてもらえる機会が増えたし、逆に「ねむちゃんがおすすめしていたあの商品がめっちゃよかったから、私も手みやげにしてみたよ♡」と言ってもらえることも多くなりました。〝手みやげ〟から始まる、幸せループがどんどん広がっていったらいいなーって思います。

あとは、食いしん坊ではあるけれど、世の中には食べたことがないものがまだまだたくさん！　とりあえず、普通にひととおり食べてみたいなって思っています（ぐぅ＝おなかの音）。

Ōmiya
Yougashiten

Q-pot CAFE.

CACAO MARKET
by MarieBelle

GINZA WEST

手みやげを
探しに銀ブラ♪

手みやげガールのお気に入りショップとお買い上げ商品リスト

満願堂の焼きいも
ソフトクリーム（¥310）

[オレンジ通り本店]
台東区浅草１の21の５
03（5828）0548
10時～20時、
土日祝９時30分～20時　無休
http://www.mangando.jp/

浅草むぎとろ 雷門店の
とろから（¥300）

台東区雷門２の17の10
03（3843）1066
10時～18時　無休
http://www.mugitoro.co.jp/kaminarimon/

Q-pot CAFE.の
ストロベリージャム（150g ¥1,296）

港区北青山３の10の２
03（6427）2626
11時30分～19時30分
（19時L.O.）　不定休
http://www.q-pot.jp/shop/cafe/

銀座ウエストのゴルゴンゾーラ
パフ（1個¥410）

[銀座本店] 中央区銀座７の３の６
03（3571）1554
９時～23時、土日祝11時～20時
無休
https://www.ginza-west.co.jp/

近江屋洋菓子店の
苺《いちご》サンドショート（1個 ¥864）

[神田店] 千代田区神田
淡路町２の４
03（3251）1088
９時～19時、
日祝10時～17時30分　無休
http://www.ohmiyayougashiten.co.jp/

HEART BREAD ANTIQUEの
銀座食パン（1斤 ¥453）

[銀座本店] 中央区銀座
３の４の17・1F
03（6228）6806
10時～21時　無休
http://www.heart-bread.com/

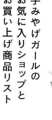

Clothing List

Cover

ワンピース(アイロン)¥37,000/デミルクス ビームス 新宿

Back Cover

トップス(デミルクス ビームス)¥15,000/デミルクス ビームス 新宿　スニーカー(コンバース)¥5,800/コンバースインフォメーションセンター　その他/スタイリスト私物

Photo Story

[P. 08 - 13]
パジャマ(グッドナイトスーツ)¥13,000/ビームス ライツ 渋谷　メガネ(タナゴコロ×ポーカーフェイス)¥28,000/ポーカーフェイス ヌーヴ・エイ アイウエア事業部　その他/スタイリスト私物

[P. 14 - 15]
サンダル(テバ)¥7,800/デッカーズジャパン　その他/スタイリスト私物

[P. 16 - 23]
バッグ(オーエーディー ニューヨーク)¥55,000/ビームス ウィメン 渋谷　リング(イー・エム)¥26,000/イー・エム表参道店　靴(ドクターマーチン)¥22,000/ドクターマーチン・エアウエア ジャパン　その他/スタイリスト私物

[P. 24 - 27]
ニット(デミルクス ビームス)¥18,000/デミルクス ビームス 新宿　スカート(ディッキーズ×フリークス ストア)¥7,400・サンダル(フリークス ストア)¥14,800/フリークス ストア渋谷　バッグ(テンベア)¥10,800/ビームス 新宿　ネックレス(リトル エンブレム)¥52,000/イー・エム表参道店

[P. 28 - 35]
ワンピース/Coverと同じ　サンダル(テバ)¥15,000/デッカーズジャパン

[P. 36 - 57]　すべてBack Coverと同じ

Archive

[P.94-95]
ロングカーディガン¥49,000・Tシャツ¥8,100(ともにエイトン)/デミルクス ビームス 新宿　パンツ¥16,800/リトル サニー バイト

＊アーカイブ内のその他すべての着用アイテムは販売終了の商品、またはスタイリスト私物になりますのでお問い合わせいただけません。ご了承ください。

Cut Out　すべてスタイリスト私物

＊掲載の着用アイテムはすべて本体価格(税抜き)になります。

Shop List

イー・エム表参道店	03(5785)0760
コンバース インフォメーションセンター	0120(819)217
デッカーズジャパン	0120(710)844
デミルクス ビームス 新宿	03(5339)9070
ドクターマーチン・エアウエア ジャパン	03(5428)4981
ビームス 新宿	03(5369)2140
ビームス ウィメン 渋谷	03(3780)5501
ビームス ライツ 渋谷	03(5464)3580
フリークス ストア渋谷	03(6415)7728
ポーカーフェイス ヌーヴ・エイ アイウエア事業部	03(5428)2631
リトル サニー バイト	littlesunnybite.com

大好きなクリームソーダでひと休み♡

Angelus

Diamond and Flower Giant Ferris Wheel

カカオマーケット バイ マリベルのコンキリエッティ(80g ¥1,404)

[銀座店]中央区銀座5の2の1 TOKYU PLAZA GINZA 5F
03(6264)5122
11時〜21時　不定休
http://www.cacaomarket.jp/
※パッケージが変更になる可能性あり

アンヂェラスのクリームソーダ(¥720)

台東区浅草1の17の6
03(3841)9761
11時〜21時　月曜休(祝日の場合は営業)
http://www.asakusa-angelus.com/

撮影協力

東急プラザ銀座
吉兆屋
浅草地下街
展望レストハウス クリスタルビュー
葛西臨海公園
ダイヤと花の大観覧車

夢眠ねむ
Nemu Yumemi

7月14日生まれ、三重県出身。人気アイドルグループ、でんぱ組.incのメンバー。担当カラーはミントグリーンで愛称は〝ねむきゅん〟。アイドルの枠を超え、みえの国観光大使や映像監督など様々な分野でマルチな才能を発揮している。

Photos	江原隆司
Hair & Make-up	光野ひとみ
Stylist	佐藤里沙 [bNm] (Archive)　番場直美 (Cover,Photo Story,P.80-81,P.94-95,Column,Cut Out)
Edit & Text	広沢幸乃
Edit	メンズノンノ編集部
Art Director	藤村雅史 [藤村雅史デザイン事務所]
Designer	石崎麻美 [藤村雅史デザイン事務所]
Special Thanks	高瀬裕章 [DEARSTAGE]　深澤亜沙子 [DEARSTAGE]　山下楓太 [DEARSTAGE] 水野孝昭 [TOY'S FACTORY]

ゆめみやげ
2017年9月10日　第1刷発行

著者	夢眠ねむ	
発行人	石渡孝子	
発行所	株式会社 集英社	
	〒101-8050	
	東京都千代田区一ツ橋2の5の10	
電話	編集部	03-3230-6279
	読者係	03-3230-6080
	販売部	03-3230-6393 (書店専用)
印刷・製本	大日本印刷株式会社	

本書の一部あるいは全部を無断で複写・複製することは、法律で定められた場合を除き、著作権の侵害となります。また、業者など、読者本人以外による本書のデジタル化は、いかなる場合でも一切認められませんのでご注意ください。造本には十分注意しておりますが、乱丁・落丁(本のページ順序の違いや抜け落ち)の場合にはお取替えいたします。購入された書店名を明記して小社読者係にお送りください。送料は小社負担でお取替えいたします。但し、古書店で購入されたものについては、お取替えできません。定価はカバーに表示してあります。

©2017 SHUEISHA Printed in Japan
ISBN 978-4-08-780820-9 C2076